UI デザイン 必携

ユーザーインターフェースの設計と改善を成功させるために

UI DESIGN HANDBOOK
RULES FOR DESIGNING USER INTERFACE

原田秀司 著

本書内容に関するお問い合わせについて

本書に関する正誤表、ご質問については、下記のWebページをご参照ください。

正誤表　https://www.shoeisha.co.jp/book/errata/
刊行物Q&A　https://www.shoeisha.co.jp/book/qa/

インターネットをご利用でない場合は、FAXまたは郵便にて、下記にお問い合わせください。
電話でのご質問は、お受けしておりません。

〒160-0006　東京都新宿区舟町5　㈱翔泳社 愛読者サービスセンター係
FAX番号 03-5362-3818

※本書に記載されたURL等は予告なく変更される場合があります。
※本書の出版にあたっては正確な記述につとめましたが、著者や出版社などのいずれも、本書の内容に対してなんらかの保証をするものではなく、内容やサンプルに基づくいかなる運用結果に関してもいっさいの責任を負いません。
※本書に記載されている会社名、製品名、サービス名はそれぞれ各社の商標および登録商標です。

はじめに

仕事でデザイン業務に携わっていると、クライアントや関係者から思いもよらない考えかたや見解を目の当たりにして、当惑することがしばしばあります。そういった状況では「いやいや、それはないだろう…！」と思う一方で、「でもどうして、それはないと自分は思えるのだろう？どうして、そういう考え方をする人が実際にいるのだろう？しかも目の前に。」とも思いました。

そのような思いもよらない考え方をする理由は、いったいどこあるのか。考えられる原因を検討してみました。一般的な使い方から逸れているから。デバイスの特性を無視しているから。自分たちの都合を優先する意識が強すぎるから。慣れ親しみ過ぎて違和感を感じなくなっているから。文化的にそのほうが使いやすい業界だから。流行的なものを部分的に取り入れたから。ステップ数を減らすことのみに注力しているから。システム主体でウォーターフォール的な作り方が全てに勝っているから…。その他にもいろいろあります。しかし、大抵のケースで原因は多岐に及んでおり、ひとつに絞れることは、まずありませんでした。

それでも、いくつかの一般的なルール、普遍的な考え方、人間である以上どうしても持っている習性など、いくつかの基本となるポイントがあったと考えています。この本ではそれらのポイントを、絵や図を主体としつつ、要点を箇条書きの方針でまとめあげました。ここに記したことは基本的に、自分が関わった仕事や事柄から導きだしています。初心者にも取っつきやすく、ページを見開きで見たときに目で見て理解できるように、配慮してみたつもりです。加えて、実際の仕事でどのように改善したり考えていったのかという実例を、いくつか載せました。読者の皆様にとって、お役に立つようであれば幸いです。

2022年3月 原田 秀司

CONTENTS

CHAPTER 1

UIとデザイン

1.1

UIとUX

UIもUXも、すべて人に関わること。

UIとUXは、一緒に並べて使われることが多い言葉です。そして、UIはさておき、昨今では何かつけてUXと呼称するものが多くなっているようです。しかも人や環境によって、そのUXの意味するところがまちまちです。例えば、表層に関するものがUXである、ユーザビリティがUXである、UIとはUXのことである、など。他にも、動画広告の内容はUXなのか、電話サポートの受け答えはUXなのか、など多岐にわたります。

あえて両者の共通点を挙げるとするならば、Uの文字が「User」を示すように、UIとUXはどちらも「人に関わること」を扱う分野である、ということでしょう。しかし、その関わり方は両者で異なります。UIは分かりやすさ、使いやすさの分野であり、UXは主観と感情に基づいた体験の分野なのです。混在あるいは併記して使われることの多いUIとUXですが、両者の違いを明らかにしましょう。

UIとはユーザーと対象との接点

「UI」とはユーザー・インターフェース（User Interface）の略称で、ユーザーが対象とやりとりするための接点です。例えば、我々が直接手に触れる「マウス」「キーボード」「タッチパネル」などがインターフェースであり、さらにマウスやタッチパネルによって間接的に操作する画面内の「ボタン」や「リンク」もまた、同様にインターフェースです。

UI＝ユーザーがサービスや製品とやりとりするための全ての接点

インターフェースは、Webサイトやアプリといったソフトウェアに限ったものではなく、日常生活のあらゆるところに存在します。例えば、「銀行のATM」や「切符の券売機」といった公共機関のシステムはもちろんのこと、もっと身近なところを見渡してみれば、ガスコンロの「点火スイッチ」と「火力調整スライダー」、車であれば「アクセル」「ブレーキ」「ハンドル」などが、それぞれのインターフェースです。それらを介して、初めてユーザーは対象とやりとりできるからです。

切符の券売機

ガスコンロ

車の運転席

インターフェースの使いやすさの基本原則というものは、あまり変わりません。というのは、人がどうやって対象を理解してそれを操作するかという、人間自身の習性と文化に関することだからです。たかだか数十年で、人間はそうそう変わるものではないようです。ガスコンロや車を操作する基本的なインターフェースは、ずっと踏襲され続けています。

そういったインターフェースの中でも、Webサイトやアプリといったソフトウェアでは、直接触ることができないものを間接的に操作するという観点から、UIが重要な意味を持ちます。UIだけが、人間がソフトウェアに触れられる唯一の部分だからです。そのため、UIの良し悪しが、ソフトウェアの価値を大きく左右することになります。

ソフトウェアを使うためのデバイス

UXとは知ってから忘れるまでの総体験

「UX」とは ユーザー・エクスペリエンス（User Experience）の略称であり、意味としては（対象とのやりとりで）ユーザが得られる体験です。UXは､人や組織によって解釈が一致していない言葉でもあり、何をもってUXとするかは意見の分かれるところです。

UX ＝ サービスや製品とのやりとりでユーザーが得られる全ての体験

UXの最初の提唱者であるドナルド・ノーマンは次のように言っています。「ユーザー・エクスペリエンスには、ユーザーと製品とのやりとりだけでなく、会社および、そのサービス全体とのやりとりが含まれます」。筆者はそこから、UXとは「ユーザーがその製品やサービスを知ってから忘れ去るまでの全ての体験」であると解釈しています。

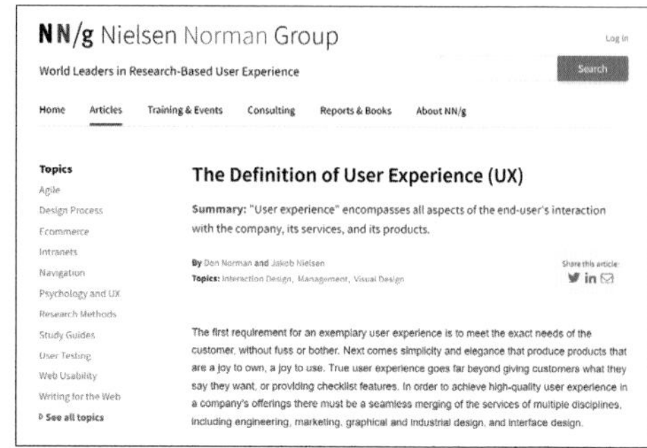

NN/g Nielsen Norman Group
Log in
World Leaders in Research-Based User Experience
Search

Home　Articles　Training & Events　Consulting　Reports & Books　About NN/g

Topics
Agile
Design Process
Ecommerce
Intranets
Navigation
Psychology and UX
Research Methods
Study Guides
User Testing
Web Usability
Writing for the Web
See all topics

The Definition of User Experience (UX)

Summary: "User experience" encompasses all aspects of the end-user's interaction with the company, its services, and its products.

By Don Norman and Jakob Nielsen
Topics: Interaction Design, Management, Visual Design
Share this article:

The first requirement for an exemplary user experience is to meet the exact needs of the customer, without fuss or bother. Next comes simplicity and elegance that produce products that are a joy to own, a joy to use. True user experience goes far beyond giving customers what they say they want, or providing checklist features. In order to achieve high-quality user experience in a company's offerings there must be a seamless merging of the services of multiple disciplines, including engineering, marketing, graphical and industrial design, and interface design.

URL https://www.nngroup.com/articles/definition-user-experience/

UXには､サービスや製品の使い勝手の良し悪しだけでなく､告知､宣伝はもとより､サポート体制、店舗、ユーザーへのイメージ作り、梱包資材まで、あらゆるものが含まれます。

街の広告

販売店舗の様子

したがってUXは、ビジネスモデルやプロモーション、マーケティング（販売促進あるいは市場創出）といった側面から、切っても切り離すことができないものです。もっと大きくUXというものを捉えれば､「その製品やサービスを使った人たちの生活がどのように変化するか」ということを考えてデザイン（設計）することがUXの本質的な意義なのだと思います。

実際のサービスを使ったときのUXとしての考え方は、サービスを使う前から始まります。例えば、Instagramはアップされた写真を共有するだけのサービスですが、ユーザーの取っている行動と体験としては、「観光地に行って」「気に入ったシーンを見つけたら写真を撮る」それをサービスにアップして「いいね」をもらったら嬉しい、までがワンセットとなっているからです。これら一連の体験が、InstagramのUXとしての価値を作り上げています。

観光地に行って

気に入ったシーンを見つけたら写真を撮る

写真をアップして「いいね」をもらう

これら一連の体験がUX

他にも、例えばWebサイトではアクセスされたものの存在しなかった場合に「404 not found」ページを表示します。これはUIではなく、むしろUXの側面が強い課題です。というのは、失敗したときのフォローアップをどうするかによって、使う人の心象を改善し、総体験をより良いものにしようとする対応につながっているからです。

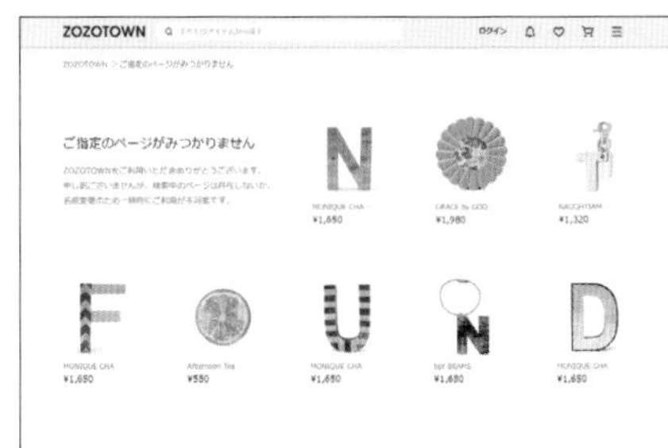

URL https://zozo.jp/404.html

URL https://www.kuronekoyamato.co.jp/404/

UIとUXの関係

UXの扱う範囲は、知ってから忘れ去るまでの全ての体験に及んでいます。UXと比較すればUIの扱う範囲は狭いものの、UXの中でも最も重要な「使う」という領域を担っています。

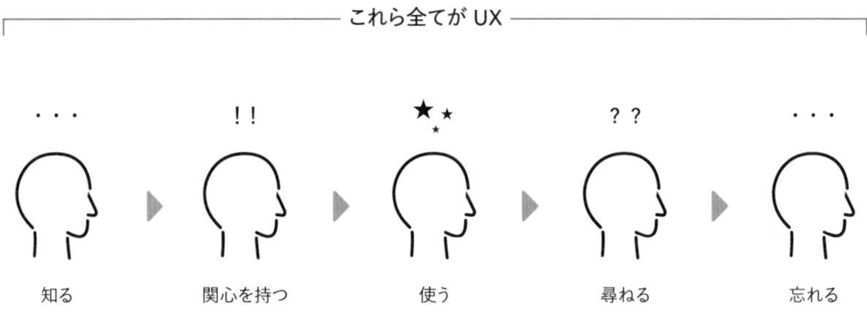

UX

知る、関心を持つ

UI＆UX

使う

UX

サポートに相談する

ユーザーがあるサービスを使うとき、その大部分はサービスのUIを通じてやりとりを行います。UIを使ったときにユーザーの内面に起こる反応がUXとなるので、良いUIと悪いUIを使ったときでは、それぞれ受けるUXは当然異なります。この地点では、UIがUXに直接的な影響を与えます。

UIとUXの違い

UIがサービスとユーザーとの間に介在する「やりとり」に関する概念であったのに対して、UXはユーザーの内面についての概念です。また、少なくともUIが目に見える「客観的」なものであるのに対して、あくまでUXはユーザー自身が受ける「主観的」なものであり、見ることができないものです。UXは確かに存在していますが、主観的なものである以上、その設計や評価はとても判断し難いものとなります。UIとUXは、そもそも別の概念なのです。

主観的な体験がUXの領域であり、インターフェースの分かりやすさや使いやすさがUIの領域です。実際のサービスで、UIとUXがそれぞれどの領域をカバーしているのか見てみましょう。以下の例は、近くにある良いレストランを探そうとしたときの考えと行動です。

主観と感情に基づいた体験の領域 ＝ UX

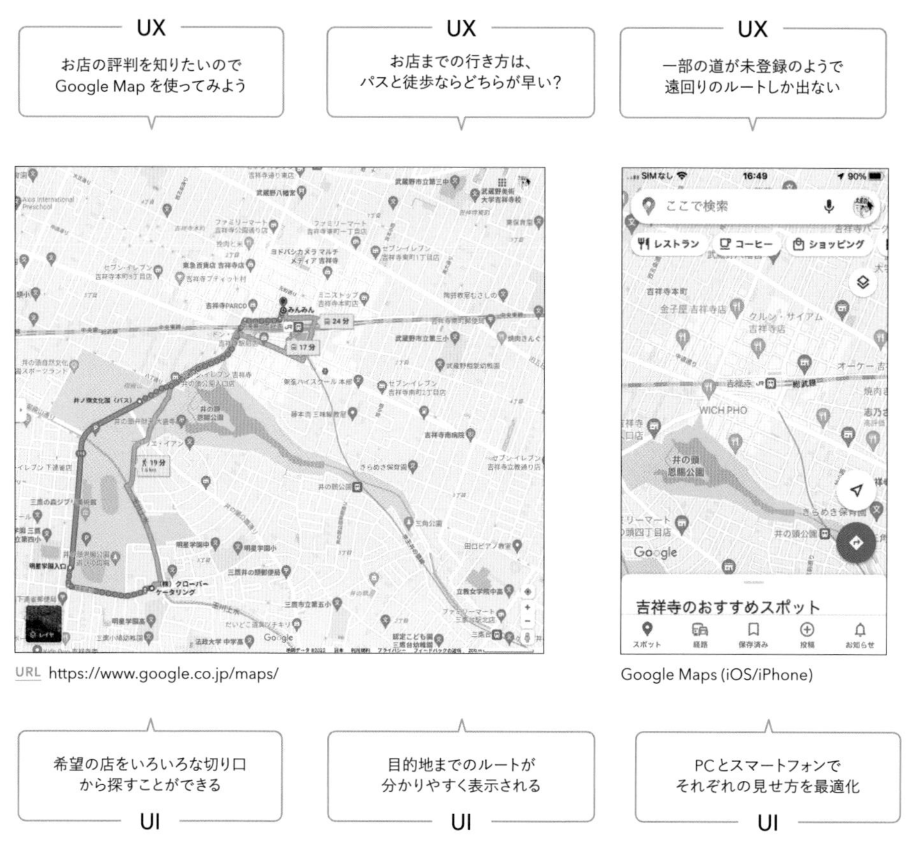

URL https://www.google.co.jp/maps/

Google Maps (iOS/iPhone)

分かりやすさ、使いやすさの領域 ＝ UI

ご覧のように、UIとUXはお互いに関係しあっています。基本的に、良いUIなら良いUXを提供できますが、例えば「データに不備があって遠回りのルートしか出てこない」といった場合では、そのときの悪いUXを、UIではカバーできません。また、いくら良いUIを提供していても、そのサービスを知っている（あるいは知った）というUXがなければ、そもそも使うことはありません。両者の関係と、両者は違うものだという事実を理解しておくことが大事です。

1.2

デザイン

見た目としてのデザイン、機能としてのデザイン。

デザインというのは不思議な言葉です。少なくとも日本に住む多くの人にとって、デザインとは「見た目」のことです。「このデザインは良くないよ」と言えば、それはパッケージングや装飾、ビジュアルの面で劣っているという意味です。また、デザインは「機能」である、という主張もあります。「形態は機能に従う」という考え方や、「機能美」という言葉からも、それは伺えます。一方で、デザイン思考（design thinking）という言葉が出てきたように、また別の意味でもデザインは使われます。デザイン思考は、不確定あるいは未知の問題に取り組むための、反復的なプロセスです。

おそらく、それらの使い方は間違っておらず、みな正しいのでしょう。しかしここでは、デザインを「設計」と解釈して、その意味を「機能をビジュアルと構造に落とし込む行為である」としました。デザインとは何なのか。それは、場所によって姿を変える、解を持たないテーマなのかもしれません。

デザインとは見た目のことではない

デザインとは何でしょうか。よくある誤解は、デザインとは「絵」を意味している、という考えです。Apple のCEOであったスティーブ・ジョブズは「デザインとはおかしな言葉だ。デザインとはどう見えるか（how it looks）を意味すると考える人がいる。しかし掘り下げれば、それはどう機能するか（how it works）ということなのだ。」と言いました*。

* Steve Jobs on Product Design
URL https://www.impactinterview.com/2011/08/steve-jobs-on-product-design-2/

見た目としてのデザイン

状態と機能を踏まえたデザイン

見た目としてのデザインは、例えば、綺麗なグラデーションの乗ったボタンを描くことです。それに対して、どう機能するかとしてのデザインは、どのような状態がありうるのか吟味し、それぞれの姿を考え、どのように振る舞うのかを設計することです。つまり端的に言えば、デザインとは見た目だけのことではないのです。見た目を通して、どう機能するのかが使う側に伝わることが重要です。

以前、某コンビニエンスストアのドリップ式コーヒーマシンのボタンがわかりづらいと話題になったことがありました。「HOT COFFEE」と「ICE COFFEE」という表示の下に、大きく「R」と「L」のボタンが置かれていて、それぞれ下に「REGULAR」と「LARGE」という表示があるだけのスタイリッシュな見た目のデザインでしたが、戸惑われた方もいるのではないでしょうか。大きさの意味で配置した「R」と「 L」のボタンは、左右（LeftとRight）の意味と混同してしまいます。さらに「R」が左に、「L」が右にあることも、混乱に拍車をかけたと思われます（ただ数年を経て、利用者の慣れによって混乱はなくなってきています。現在はアルファベットの下に「ホットコーヒー」「アイスコーヒー」「普通」「大きい」という日本語が加えられています）。

デザインとは設計のこと

プログラムの世界では、よく使われる定型的な23の設計バリエーションをまとめた「デザイン・パターン（Design Pattern）」という手法があります。過去のソフトウェア設計者が発見して編み出したノウハウを、再利用しやすいように名前を付けてカタログ化したものです。また、自動車業界などでは、中心的な設計を担当する技術者を「チーフ・デザイン・エンジニア（Chief Design Engineer）」と呼びます。日本語にすると「主任設計技術者」です。これらの事例が意味するように、デザインとは日本語に訳すと「設計」です。デザインが本来の意味するところは、設計なのです。

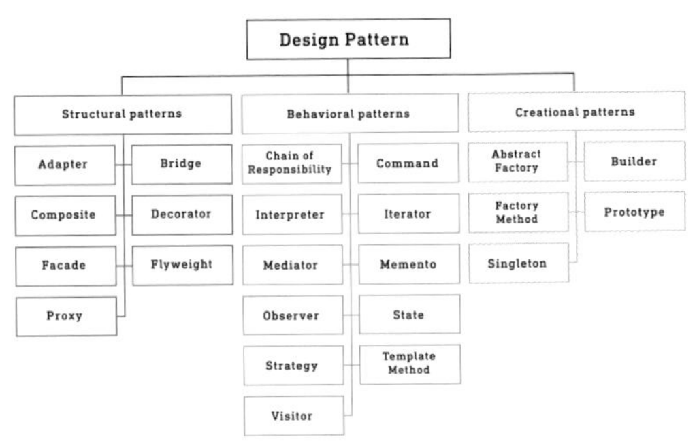

デザインパターン

デザインとアートの違い

他によくある疑問として、デザインとアート（芸術）の違いはどこにあるのでしょうか。まず、デザインはアートではありません。デザインがアートに近づいたり重なり合う部分があったとしても、デザインとアートでは目的とするところが違います。アートは、個人的な表現によって、人の心を動かして鼓舞するものです。それに対してデザインの目的とするところは、見た目だけではなく、機能や働きによって何らかの課題を解決することです。

バタフライスツール（柳宗理）

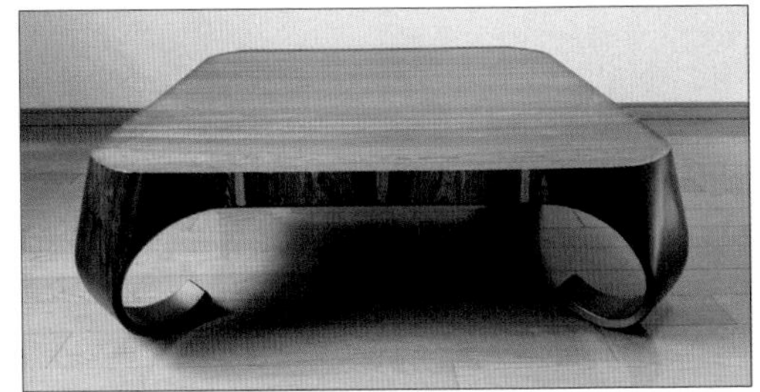

座卓（剣持勇）

柳宗理のデザインしたバタフライスツールは、決して座り心地が良い椅子ではないですが、造形美によって高い評価を得ています。また、剣持勇のデザインした座卓は、内側に跳ねた脚が特徴的で、その躍動感は見るものを元気付けます。これらの製品はどちらも、課題解決よりアートとしての側面が強いデザインです。

設計とはどういう行為か

機能をビジュアルと構造に落とし込むこと

それでは、設計とはどういう行為でしょうか。設計という概念の扱う範囲は広いですが、Webサイトやアプリといったソフトウェアに関することに限って言うならば、設計とは「機能をビジュアル(見た目)と構造に落とし込む行為である」と筆者は考えます。例えば、ショッピングサイト（あるいはアプリ）を作ろうとしたときには、概要と新着情報がすぐに分かるトップページや、比較検討できる一覧ページ、仕様や魅力が分かる詳細ページなど、いろいろな機能が必要でしょう。それらをどう見せて、どう組み合わせるかということが、設計（デザイン）という行為です。

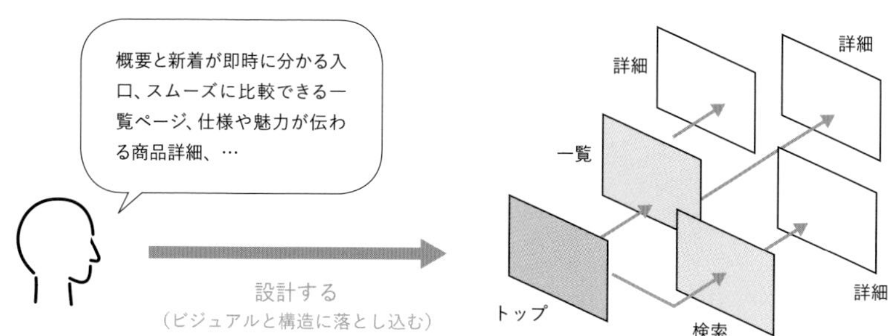

答えはひとつに絞られない（ただし良し悪しはある）

ある機能を実現するためのビジュアルと構造には、いくつも方法があります。つまり、設計の仕方はひとつではないのです。例えば、東京から名古屋に行くとしても、新幹線、車、自転車、他にも徒歩など、いろいろあります。そして、そのどれもが間違いではありません。なぜなら、時間を優先するなら新幹線が、景色や自然を満喫したいなら車や自転車が、というように条件によって最適解は異なるからです。ただし、徒歩が現実的でないように、設計には良し悪しがあります。

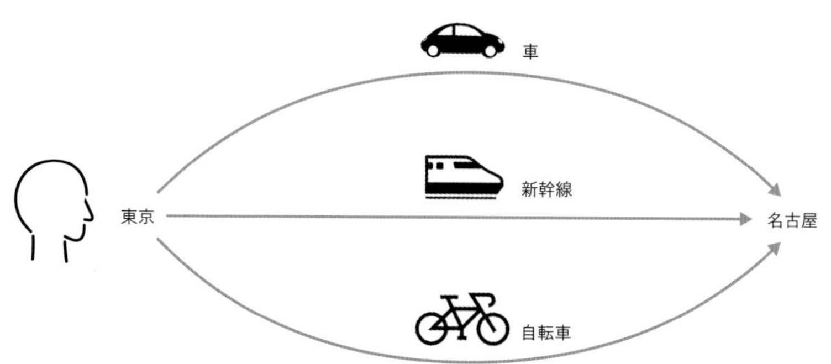

行き方はいろいろ。目的によっても最適解は異なる

1 UIとデザイン
1.2 デザイン

デザインの必要性

寡占状態ではデザインの必要性は低下する

この世にその機能がそこだけにしか存在しないならば、インターフェースや使い勝手の良し悪しは、実はほとんど関係なくなります。というのは、代替手段がないのだから、それを使うほかないからです。恐るべきことに、こういった状況では、デザインは本質的に重要なものではなくなります。機能が寡占状態にあるとき、何よりもまず「機能する」ものが存在していることに価値があるため、デザインの価値は相対的に低くなります。

URL https://www.eki-net.com/

ETCマイレージサービス

URL https://www.smile-etc.jp/

このような、機能が寡占状態にあるサービスは、公共機関や国営企業・公共サービスなどでよく見かけられます。競合相手が存在しないために、サービスを改善しようという動機付けはどうしても乏しくなりがちです。

競争があるときデザインは差別化要因になる

ところが、同じ機能が世の中にたくさん現れたときには、デザインの良し悪しが、重要な差別化要因となります。そして今や、ほとんどの機能やサービスは、そういった代替可能な状態にあります。ユーザーを獲得するため、あるいは高い満足度を提供するために、デザインの重要性はますます高まっています。

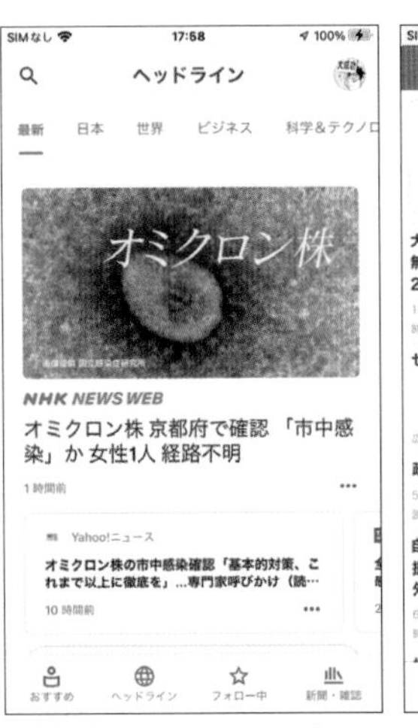

Googleニュース（iOS/iPhone）

SmartNews（iOS/iPhone）

UIデザインの意味

UIデザインとは使いやすさのデザイン

では、UIデザイン（ユーザー・インターフェース・デザイン）とは何でしょうか？デザインとは設計です。設計とは、機能をビジュアルと構造に落とし込む行為です。UIデザインとは、ユーザーがサービスとやりとりするための接点を設計することです。そして、設計には良し悪しがあります。良い設計ならば使いやすく、悪い設計なら使いにくいでしょう。UIデザインとは一言でまとめると、サービスをより使いやすくするためのデザイン、使いやすさのデザインです。

スーパーマーケットのセルフレジ

郵便局のATM

使いやすいデザインでは、迷ったり考えさせたりせずに、余計な手間もかけさせることなく、インターフェースを直感的に使えるようにすることが要点になります。どうすれば使いやすいデザインにできるのか、どういったところに分かりにくい原因があるのか、それらを明らかにしてゆくことが本書のテーマです。

CHAPTER 2

環境による影響

2.1

画面

形、大きさ、距離。
インターフェースデザインの出発点。

われわれは、いろいろな種類のシステムに囲まれて生活しており、それらはみな、異なった種類の画面を備えています。TVの大型画面、スマホの小さい画面、PCやタブレットの画面、他にもスマートウォッチの極小な画面や、切符の券売機、車のナビゲーションシステムなど、様々です。大きさも形も、画面までの距離も、全て違っています。

インターフェースのデザインは、まず画面の特性を考えることから始まります。画面が四角いものなのか、曲面のあるものなのか。四角い画面なら、表示する画像も四角形だと収まりが良さそうです。画面に曲面があるのなら、それに沿うように何かを表示したら便利そうです。他にも、縦に長いのか、それとも横に長いのか。近くにあるのか、遠くにあるのか。画面の形は変わるのか、固定化されているのか。それら画面の特徴によって、検討できることが変化します。インターフェースのデザインはここから出発します。

画面の形

インターフェースはここから始まる、と言っても差し支えないのが、画面の形です。我々が見るほとんどのインターフェースは、画面の形が「四角形」であることを前提に作られています。

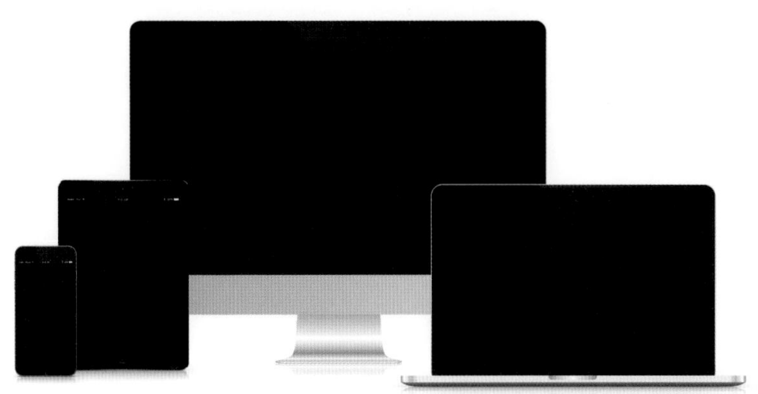

もしこれが四角ではなく、丸かったり、部分的に変形していたりしたら、どうなるでしょうか。ヘッダーもフッターも、要素の整列の仕方も、ナビゲーションも、ほとんど全てのデザインが変わってしまうことが想像できるのではないかと思います。まず、画面の形状はどうであるか。ここがインターフェースデザインの出発点です。

Apple Watch

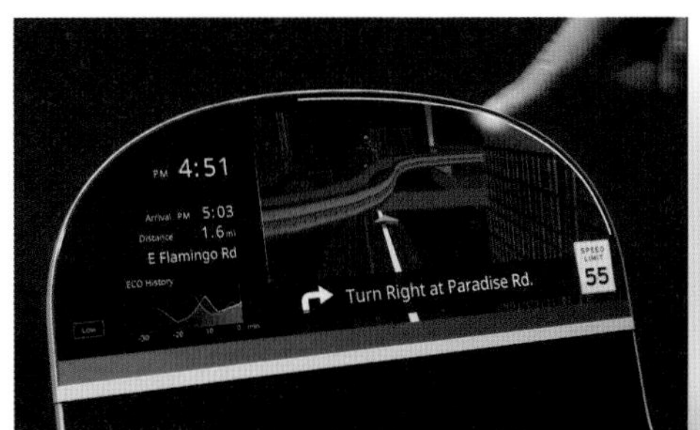

（左右）フリーフォームディスプレイ（SHARP、2015年グッドデザイン金賞）

近くは小さく、遠くは大きく

画面の形の次に検討することは、画面までの距離です。例えば、スマートフォンやタブレットは手の届く距離で、TVなどはかなり遠くで見ることになります。したがって、実物の大きさと体感的な大きさには違いが出てきます。

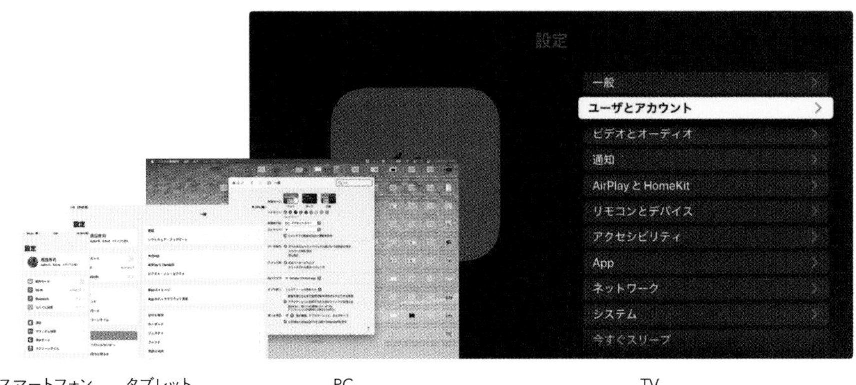

実際の大きさとしてはこのような具合ですが、
ここにデバイスまでの距離を勘案すると…

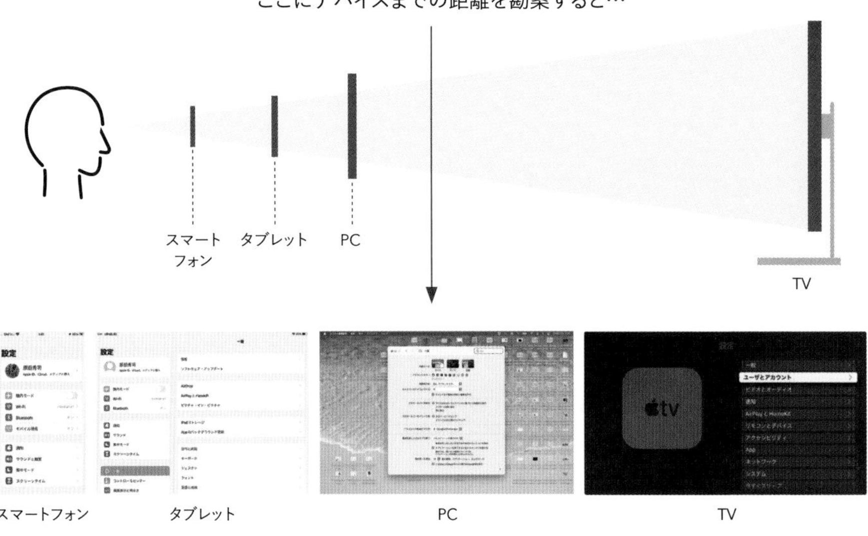

体感的な大きさとしては、こうなります。つまり「遠くのものは大きく」「近くのものは小さく」デザインする必要があります。デバイスにはそれぞれ使用に適した距離があり、それに見合った文字の大きさやレイアウトでデザインすることになります。

変えられないことと変わること

画面サイズは可変か固定か、画面の縦横比はいくつか

画面には、変えられないことと変えられること（変わること）があります。画面のサイズは、PCのブラウザは可変ですが、それ以外のデバイスでは固定です。また、画面の縦横比もPC以外では固定であり、それらの条件を前提にして、レイアウトを検討する必要があります。

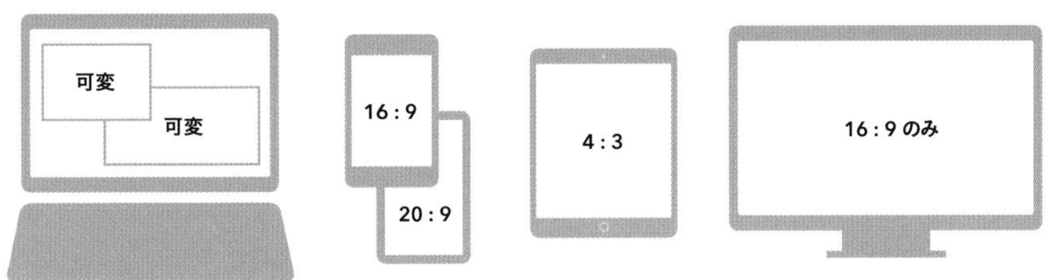

画面の向きは縦か横か

さらに、画面サイズが固定である場合では、画面の「向き」によっても適不適が生まれます。横向きと縦向きでは、サービスとしてデザインできることのギャップが大きいこともあり、場合によってはガラッとインターフェースを変えたほうが良いケースがあります。

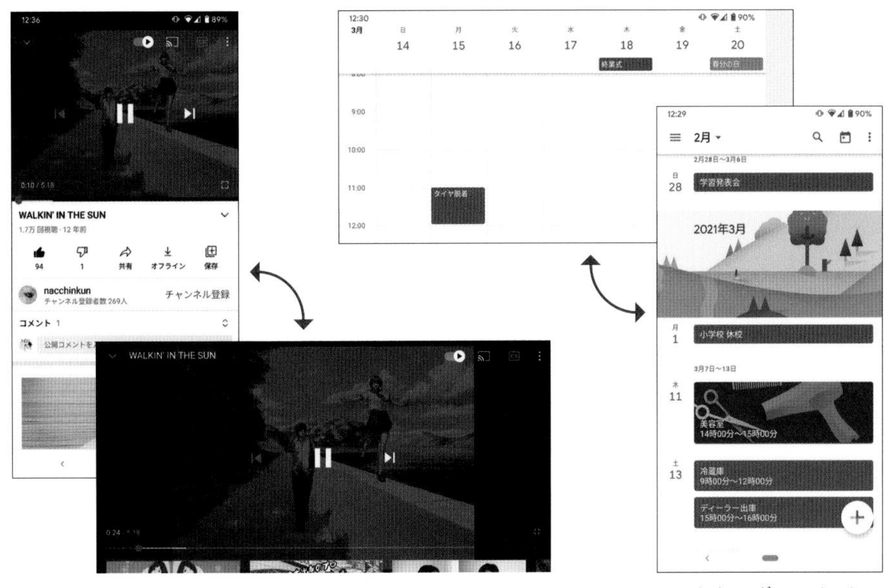

YouTube (Android)

Googleカレンダー (Android)

2.2

入力手段

手段が変われば、UIも変わる。

人に何らかの意思を伝えるときには、しゃべったり、文字を使います。人ではない「システム」に対してユーザーの意思を伝える方法が、入力手段です。われわれの生活ではいろいろなシステムが身の回りに存在し、それぞれ異なった入力手段を備えています。身近な例でいえば、電気を付けるスイッチや、エレベーターの扉の開閉と上下移動のボタン、ガスコンロの点火と火力調整のスライダーなど、実に多種多様です。

スマートフォンやPCなどのデジタルデバイスはとても複雑なので、WindowsやAndroidといった「OS」が、ごく少数の入力手段でもいろいろなことができるように、フォローしてくれています。それでも大きく分類すると、少なくとも3つ、入力手段のバリエーションがあります。入力手段が変われば、それにふさわしいインターフェースのデザインも変わります。それぞれの入力手段の特徴を理解すれば、最適なデザインが検討できます。

3つの入力手段（操作方法）

あまりに身近なためはっきりと意識することはありませんが、音声入力を除けば、日常的に使われる入力手段（操作方法）は、大きく分けて3種類しかありません。そして、その入力手段が何であるかによって、画面のデザインは大きく変わります。

ポインティング操作

ひとつ目は、マウスやトラックパッドのように、画面内のカーソルを動かすことで操作する方法です。マウスやトラックパッドの他にも、トラックポイントやトラックボールなど、ポインティング操作の機器にはバリエーションがあります。

マウス、トラックパッド、トラックポイント

直接接触

2つ目は、スマートフォンやタブレットなどのタッチパネルを通して、画面に直接触ることで操作する方法です。基本的には指を使って操作しますが、タッチペンなどで代用することもあります。切符券売機や自動販売機など、日常生活でも見かけることが比較的多い操作方法です。

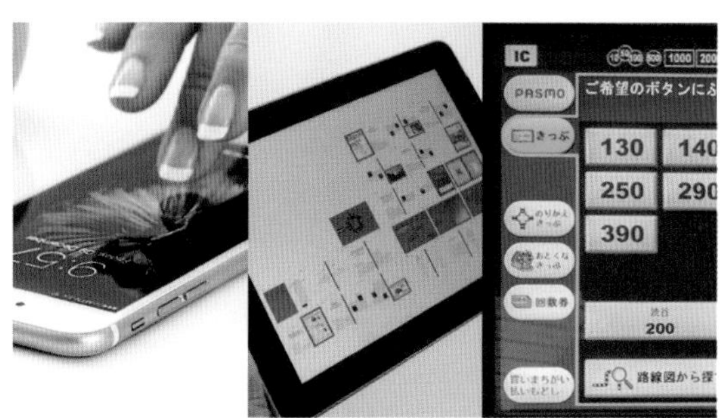

スマートフォン、タブレット、自動発券機

フォーカス操作

3つ目が、TVのリモコンやゲームコントローラー（ゲームパッド）など、画面内のフォーカスを移動することで操作する方法です。自動車のナビゲーションシステムなど、身の回りの意外なところで使われています。

TVのリモコン、ゲームコントローラー、カーナビのコントローラー

ポインティング操作：マウス / トラックパッド

ポインティング操作の代表格はマウスとトラックパッドです。トラックポイント（LenovoのThinkPadなどに付随）やトラックボール（球体を回転させてカーソルを操作する）など、他にもいくつかの種類があります。総称して「ポインティング・デバイス」とも呼ばれます。これらの機器では、画面内の「カーソル」を間接的に操作します。

マウス

トラックパッド

これらポインティングデバイスの特徴は、細かい操作に向いていることです。そのため、マウスやトラックパッドを備えたPCの画面では、細かい操作を前提とした多機能なデザインであっても問題がありません。また、マウスであればホイール、トラックパッドであれば2本指スクロールなど、縦スクロール操作に特化した機能を備えているものが多いです。そのため、長い縦スクロールを前提とした演出が組み込まれたデザインにも向いています。

特に重要な特徴はホバー（マウスオーバー）です。他の入力手段では実装できないこの機能については、他の章でも折に触れて説明していきます。

長い縦スクロールを前提としたパララックスによる演出

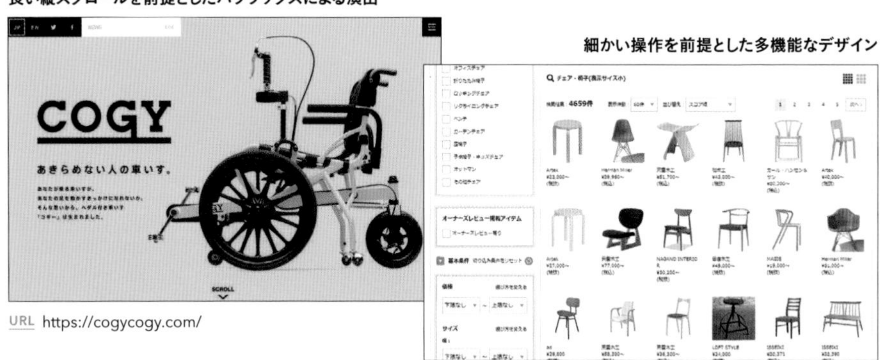

細かい操作を前提とした多機能なデザイン

URL https://cogycogy.com/

TABROOM（株式会社リクルート）
URL https://tabroom.jp/chair/

直接接触：タッチパネル

スマートフォンやタブレットでは、画面である「タッチパネル」を指で触って操作します。指の代わりにタッチペンといった代用品で操作することもできます。どちらの場合にせよ、タッチパネルは操作を受け付ける入力機器でありつつ、同時に、その結果を表示する出力機器となります。これらの機器は、画面に直接接触することで操作する、という点が特徴です。

スマートフォン

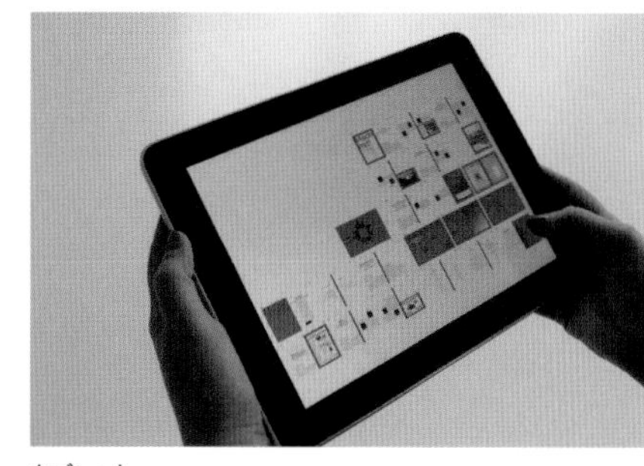
タブレット

直接接触するということは、触ることができる対象にはある程度の大きさが必要となる、ということです。加えて、画面が入力（操作受付）と出力（画面表示）を兼ねているために、どうしても全体的に大きめのデザインになってしまいます。細かい操作にはあまり向いていません。前項ポインティング操作との対比になってしまいますが、ホバーがない、ということも無視できない特徴です。

その反面、スワイプやピンチなどといった、タッチパネル独自の操作方法を持っていることは長所です。指でなぞればそのとおりに動くタッチパネルは、他の操作方法（マウスやゲームコントローラーなど）よりもずっと直接的なために、間接的な操作を理解しにくい子供にも向いている機器と言えます。

Pinterest（Android、iOS/iPad）

フォーカス操作：リモコン / ゲームコントローラー

リモコンやゲームコントローラーでは、画面内の「フォーカス」を操作します。若干似ているポインティング操作との違いは、画面内にあるのが「カーソル」ではなく「フォーカス」であることです。カーソルは画面内の好きなところに移動できますが、フォーカスは限られた「フォーカスできる対象」にしか移動できません。

リモコン

ゲームコントローラー（ゲームパッド）

そのため、今自分が画面内のどこにいるのか、つまりフォーカスがどこにいるのかを、いつでもはっきりと分かっている必要があります。さらに、一部のリモコンを除いて、フォーカスを移動するためには「上下左右」のボタンを押して操作することになります。そのため、フォーカスを移動するだけでもボタンを何度も押すことになり、他の操作方法と比較して、どうしても身体的な負担は大きくなりがちです。

フォーカスの操作では、とにかく簡易的な移動と、フォーカスの位置をはっきりと明示することが重要です。TVやゲームなどではずっと、この「フォーカス移動」のインターフェースが採用されています。

いつでもフォーカスがはっきりと分かるデザイン

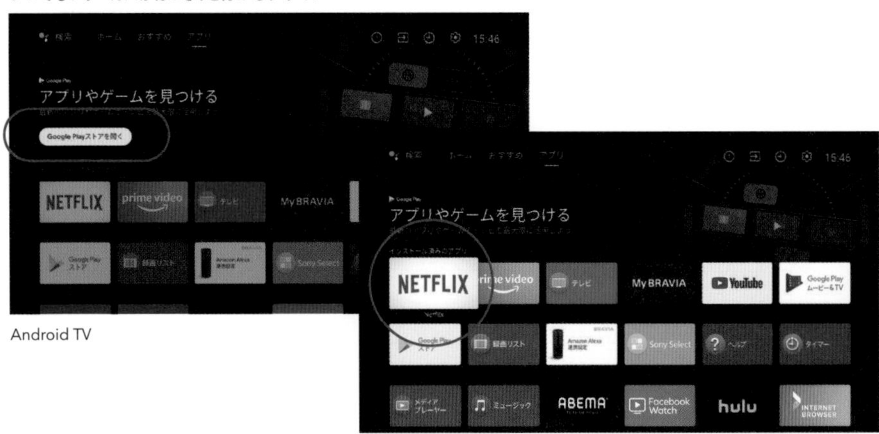

Android TV

入力手段により異なる適したUI

入力手段が異なれば、それにふさわしいインターフェースも変わってきます。標準的に使っているパーツでも、ポインティング操作と直接接触では、細かいところでは微妙な差異があるものです。

もし、全く新しい環境のインターフェースを検討するときには、その環境がどういったものなのか、特に入力手段は何なのかを考えるところから、実質的なデザインがスタートします。

例1：カルーセル*

ポインティング操作（PC）

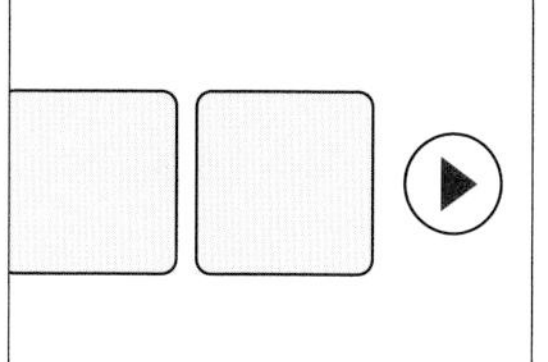

PCではスワイプがないので（ドラッグで代用できなくはないが使いづらい）、末尾にページング用のボタンを設置します。

直接接触（スマートフォン・タブレット）

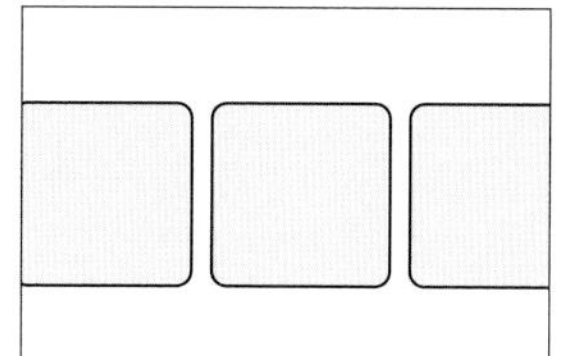

スマートフォンやタブレットではスワイプを前提にしたインターフェース。末尾の要素は見切れ表示にすることで、続きがあることを暗示します。

フォーカス操作（TV）

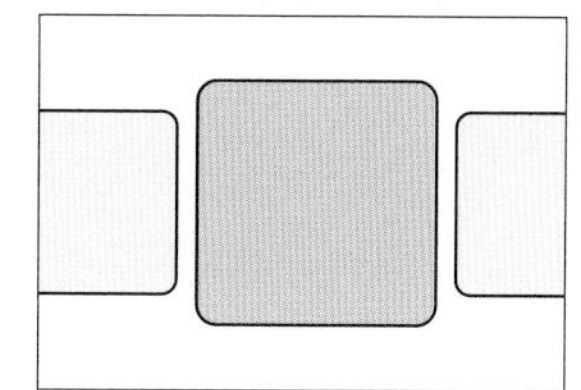

TVではフォーカスさえ明示すれば大丈夫。フォーカスを移動すれば、スクロールは自動的に行われます。

例2：プルダウン

ポインティング操作（PC）

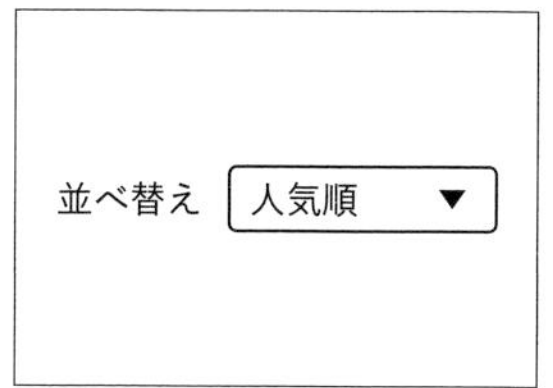

PCでは小さく配置。見出しタイトルは、テキスト主体でレイアウトします。

直接接触（スマートフォン・タブレット）

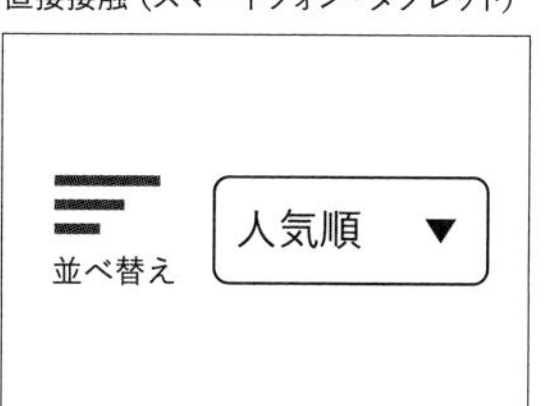

スマートフォンやタブレットではタップしやすいように要素を大きく配置。全てが大きくなってしまうのを避けるため、見出しタイトルをアイコン主体にして省スペース化を図ります。

フォーカス操作（TV）

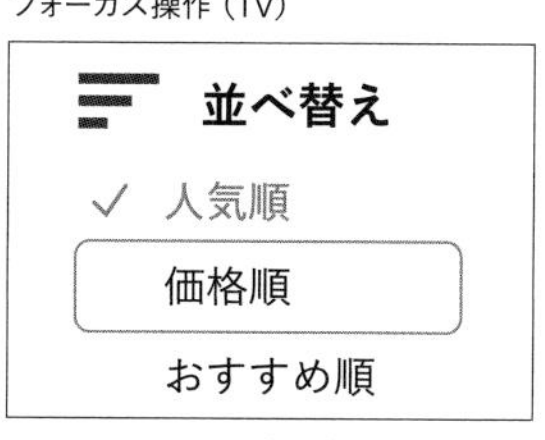

TVでは、そもそもプルダウンを展開する手間（決定と移動）すら減らしたいので、できれば最初から展開した状態に。「選択中の項目」と「フォーカス項目」は異なる見せ方で配慮します。

* カルーセルとは、メリーゴーランドのように、左右にのみスクロールして一覧表示する見せ方。

インターフェースデザインの収斂

これまで見てきたように、入力手段が変わればふさわしいインターフェースも変わります。別の見方をするなら、入力手段などの制約条件が同じであれば、インターフェースはある程度、同じようなデザインに収斂していきます。例えば、スマートフォンとタブレットが、根本的なところで似たようなインターフェースデザインになるのはそのためです。

ポインティング操作（PC）

URL https://www.ebay.com/

主にPCで使われるマウスやトラックパッドなどは、細かい操作に向いています。そのため、プルダウンやラジオボタンといった標準的に使われるパーツを小さくしても、操作に支障がありません。制約が少なく自由度が高いために、デザインのバリエーションに幅を持たせることができます。

ポインティング操作に特徴的なものとして「ホバー」があります。ホバーによって選択可否が容易に判別できるため、見ただけでは（ボタンやリンクのように）選択できる対象か判断に迷うデザインであっても、ある程度が許容されます。見た目としても操作としても、ホバーを織り込んだデザインになります。

- 細かいパーツでもOK
- 制約が少なく自由度が高い
- ホバーを織り込んだデザイン

直接接触（スマートフォン・タブレット）

スマートフォンやタブレットなどで使われるタッチパネルは、「指」や「タッチペン」を使って操作します。そのため、選択できる対象はある程度以上の大きさを持ち、お互いが過密にならないようにレイアウトされます。対象が小さかったり過密であると、操作がシビアになってしまうためです。ある程度の大きさがあると触りやすいという観点から、アイコンも多く用いられます。

ミュージック（iOS/iPad）

特に重要な点は、直接接触では（ポインティング操作にある）「ホバー」が存在しないことです。対象が選択できるか否かの判断をするためには、ひとまず「触ってみる」以外の手立てがありません。そのため、触る以前の段階、つまり「見ただけ」で選択可否の判断ができる、明瞭明快なデザインが求められます。

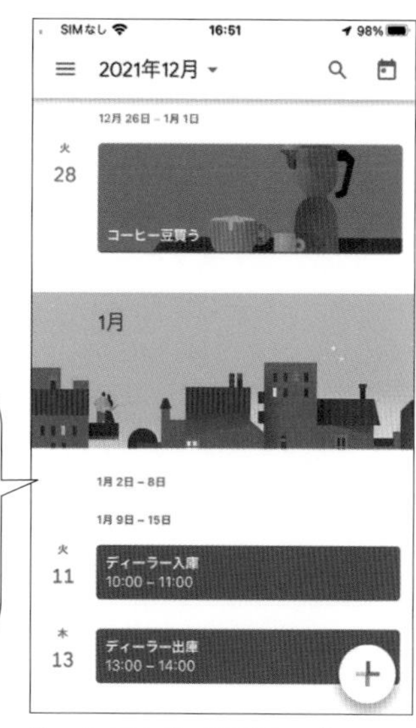

Googleカレンダー（iOS/iPhone）

・大きめの要素
・ゆったりとしたレイアウト
・多用されるアイコン
・見ただけで判断がつく
明快なデザイン

フォーカス操作（TV・ゲーム）

TVやゲームでは、リモコンやゲームパッドなどを使い、フォーカスを移動することで操作します。フォーカス移動による操作は細かい作業も難しく、タッチパネルのように直接接触する操作もできません。インターフェースとしてできることは限定的で、そのため、フォーカスの特性に注力したデザインになります。

まず、フォーカスは連続的な移動によって成り立つ操作体系なので、フォーカスできる要素は、過度に離れすぎないよう連続的に配置されます。また、フォーカスできる要素には、違和感のないようにある程度の大きさを持たせます。さらに、フォーカスしている場所は、縁取りや拡大、色の変化、動きなどを盛り込み、他のどこよりも明示的な処理が施されます。

Android TV

マリオカート8（Nintendo Switch）

・連続的な配置
・大きめの要素
・明示的なフォーカス表現

▶ 実例 1　入力手段による使いやすさの違いを確かめる

Sonyから提供されていたトルネ（Torne あるいは機能拡張した Nasne）は、TV録画アプリケーションとしては最も使いやすいと言われています。その使いやすさは、スピードなのか、画面のインターフェースなのか、いったい何に起因するものなのか探ってみたいと思いました。

幸いなことに、トルネにはいくつかのバリエーションが提供されています。これらを組み合わせて検証することで、何か手がかりがつかめるかもしれません。

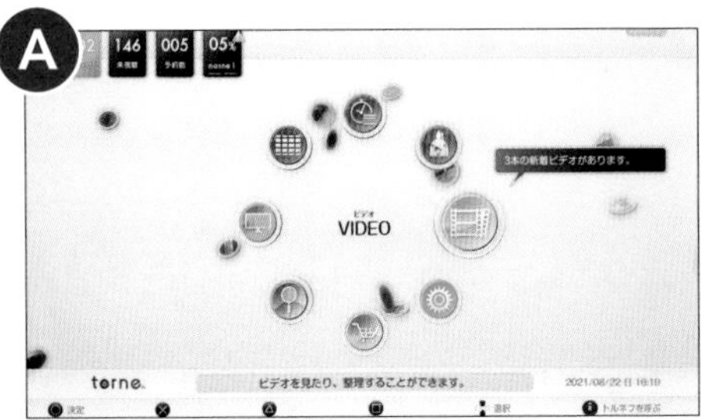

Torne（Play Station 4）+ ゲームコントローラー

まず、これが本家本元のトルネ。PS3やPS4から始まった、使いやすさでNo.1と評価されている録画アプリケーション。ゲーム機ならではのスピードと操作性の良さが特長。

Torne Mobile（iOS）+ タッチパネル

そして、トルネをスマートフォンアプリ対応したものが、この Torne Mobile 。タッチパネル用にインターフェースがアレンジされており、きらびやかな装飾や動きなどは省かれている。基本的な機能はトルネと同等。

Torne Mobile（Android TV）+ リモコン

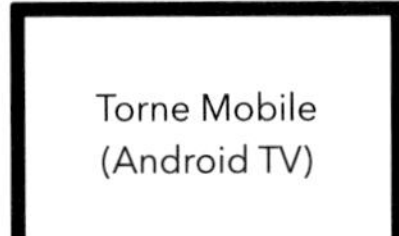

さらに、Torne Mobile を Android TV でも動くようにしたものがこのアプリ。全般的なインターフェースは Torne Mobile を踏襲している。操作はTV付属のリモコンが前提。

それぞれの使いやすさを図にすると（あくまで筆者の主観に基づきますが）、以下のような具合です。本家トルネ（A）は圧倒的に使いやすく、スマートフォン版（B）はそれなりに、Android TV 版（C）は使いやすいとは言い切れない、といった感じでした。

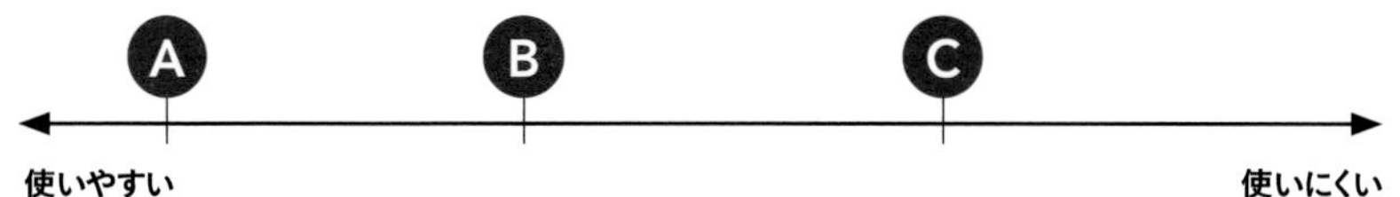

Torne Mobile をゲームコントローラーで操作してみる

Android TV にはBluetooth接続機能があります。そこで、Bluetooth接続できるゲームコントローラーをつないでみることにしました。スピードやインターフェースに多少の差異はあれど、本家トルネと違いを確かめることができると考えたからです。

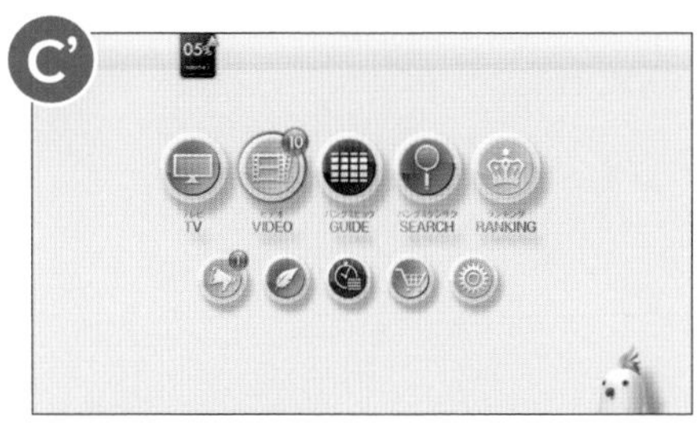

Torne Mobile（Android TV）+ ゲームコントローラー

リモコン操作を前提としたAndroid TV版のTorne Mobile に、ゲームコントローラーを接続して操作します。

そして、実際に試してみて驚いたのですが、実に使いやすいのです。操作スピードはTVのスペックに依存しますが、筆者が今回試用した2020年製の Android TV ではキビキビと動作します。本家トルネとのインターフェースの違いも気になりません。使いやすさとしては、PS4版のトルネにやや劣るものの、ほぼ肉薄していると言ってよいもので、スマートフォンアプリ版よりも明らかに上でした。

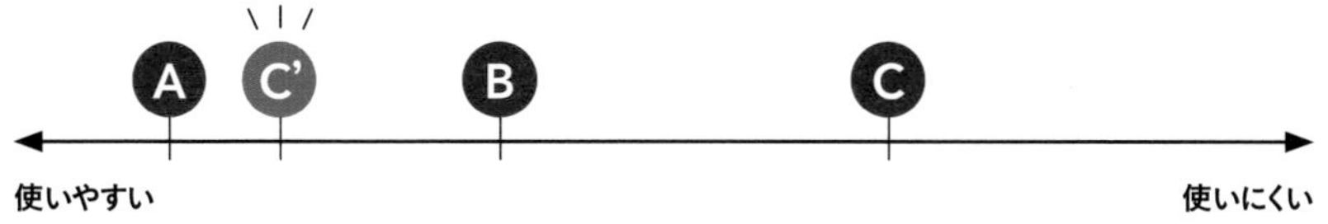

このことから、トルネの使いやすさはコントローラーの操作性の良さに支えられている側面が大きい、と言えそうです。インターフェースの良し悪しは、画面レイアウトだけでは決まらないのです。

2.3

Webサイトとアプリ

何でもできる汎用性か、特化した専用性か。

道具とは、何らかの目的を達成するためのものであり、その目的に応じて種類や特徴が違っているものです。例えば、車であれば「乗用車」や「軽自動車」などの汎用的なものから、スピードだけに特化した「レーシングカー」、市場などでの荷物運び専用機である「ターレ」など、様々なバリエーションが存在します。どれも同じ車という道具ではあるものの、できることや得意とするところはまるで違います。

われわれが情報を得るための「道具」は、主にスマートフォンやPCといったデジタルデバイスですが、もっと細かく見てみれば、スマートフォンやPCの中の「Webサイト」か「アプリ」を使って、テキストや画像などの情報を得ています。Webサイトとアプリは、基本的にどちらでも同じことができますが、それぞれに向き不向き、つまり特徴があります。両者の特徴を理解して、それぞれに最適なインターフェースを検討しましょう。

入力手段を介してユーザーが操作する場所

ユーザーがソフトウェアを使う目的は、文字情報（テキスト）、画像、動画といった、何らかの情報を手に入れるためです。それらの情報にアクセスするためには、最終的には「Webサイト（ブラウザ）」か「アプリ（アプリケーション）」を経由します。より正確に言えば、ハードウェア（入力手段）を操作し、OSを介して、Webサイトかアプリを経由して情報を手に入れます。

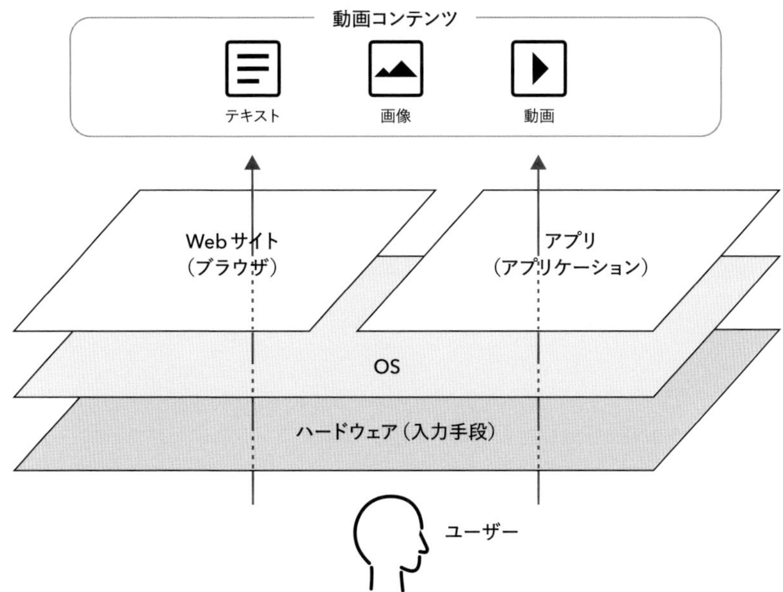

今では「Webサイト」と「アプリ」に大きな違いはなくなり、基本的にどちらでも同じことができるようになりました。それではなぜ、Webサイトとアプリのそれぞれを用意、あるいは検討しなければならないのでしょうか。それは、両者での「向き不向き」と「制約」がそれぞれ異なっているからです。またデバイスによっては、Webサイトに向くもの、アプリに向くものなど、適不適の違いがあるためです。

	PC	スマートフォン	タブレット	TV
Webサイト	◎	○	○	△
アプリ	○	◎	◎	◎

Webサイトは汎用的ツール

Webサイトは、ひととおり何でもできる反面、あるサービスだけに特化したインターフェースや操作性、高いパフォーマンスなどは期待できず、同じサービスに特化したアプリには劣ってしまいます。Webサイトとは言わば汎用的なツールであり、ブラウザによる汎用のアプリケーションです。

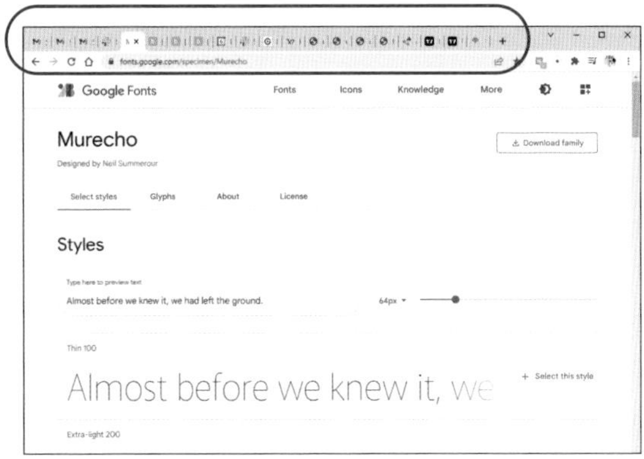

Chrome (Windows10)

Webサイトはブラウザを使って表示するものなので、同時にたくさんのページを開くことができます。ひとまず開いておく、後で見るようにしておく、といったように気軽にアクセスできることも特徴のひとつです。

Webサイトのデザインは URL と不可分であり、環境によらず共通である

Webサイトの最も大きな特徴は、全てのページが「URL」と密接に結びついており、それぞれのページごとに持っているURLを基準にデザインをする必要がある、ということです。URLが同じページであれば、基本的にどのような環境のブラウザで見ても同じデザインになります。ですので、PCであろうがタブレットであろうが、ブラ

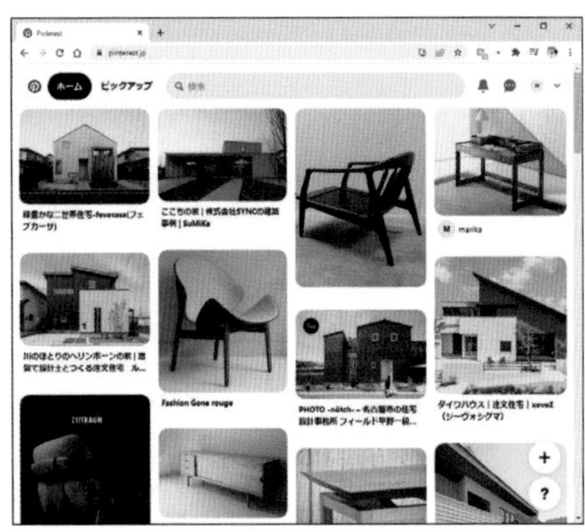
Chrome (Windows10)

Safari (MacOS11)

ウザがChromeであろうがSafariであろうが、URLと画面幅さえ同じであれば、ほぼ同じ見え方になります。こういった、環境に依存しない同等性は、サービスの展開のしやすさという点では大きな長所になります。

インターフェースの自由度はブラウザに依存する

Webサイトは基本的にそれぞれ固有のURLを持った「ページの集合体」なので、ページとページが継ぎ目なく連続的に変化する、といった見せ方には向いていません。「進む」や「戻る」をブラウザが標準で装備しているのも、Webサイトがページごとの表示を前提としているからです。

URL https://r.Nikkei.com/

日経電子版 (iOS/iPhone)

したがって、同じサービスのWebサイト版とアプリ版を比較すると、インターフェースの操作性は、ブラウザができることまでしかWebサイト版では実現できません。また、スマートフォンにおけるジェスチャー操作や、動かしたときのパフォーマンスといった観点でも、Webサイト版はアプリ版に劣ってしまいます。

とはいえ、サービスごとにインストールが必要なアプリとは異なり、ブラウザさえあれば基本的なことが全てできるWebサイトは、とりあえず見てもらう、使ってみてもらうといった手軽さでは大きなアドバンテージを持っています。簡易的なサービスや、ユーザーに使ってもらうために障壁を低くしたい場合では、アプリよりもWebサイトのほうがふさわしいでしょう。要するに、目的によってWebサイトとアプリを使い分けることが大事です。

○ メリット

- マルチデバイスの展開がしやすい
- OSによらずデザインを共通化しやすい
- サービスごとのインストールは不要

△ デメリット

- アプリより操作性に劣る
- アプリよりパフォーマンスに劣る
- ジェスチャー対応が難しい

アプリは専用的ツール

アプリは、デバイスごとにインストールする専用機能です。Webサイトが汎用的ツールであるならば、アプリは専用的なツールです。Webサイトでは実現が難しいインターフェースやインタラクションも、アプリであれば可能なものが多くあります。

単機能のもの

電卓 (Windows10)

専用機能のもの

Google Home (Android)

パフォーマンスを要するもの

ドラクエウォーク (iOS/iPhone)

電卓のように単機能のもの、何らかの専用的な機能のもの、ゲームのように高いパフォーマンスが必要なもの、複雑な機能が盛り込まれているものなどは、Webサイトではなくアプリでの展開がふさわしいでしょう。

複雑多機能のもの

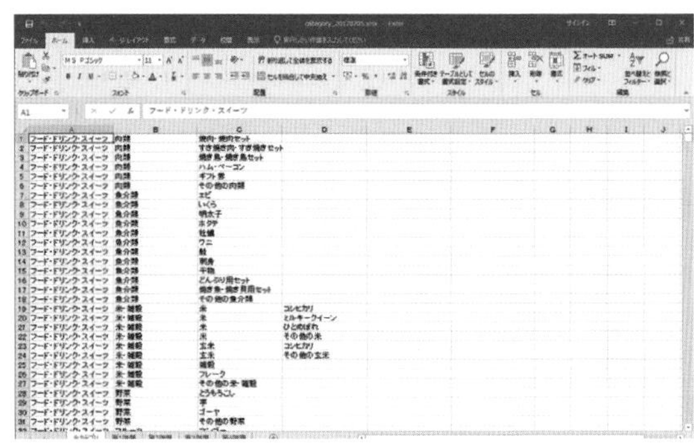

Microsoft Excel (Windows10)

アプリではインターフェースの自由度が高く、動作も軽く、操作も軽快です。ひとたび起動してしまえば中断や再開も容易であり、ジェスチャー操作といったデバイスごとに固有の操作にも対応することができます。そういった多くの利点を備えている理由は、アプリがOSとハードウェアに密接に関わり合ったソフトウェアであるためです。OSごとにアプリの開発手法は異なっており、それぞれのOSやハードウェアにふさわしい作り込みが必要となります。これは長所であると同時に短所でもあります。

最適なインターフェースはOSごとに異なる

環境によるインターフェースの違いをWebサイトの場合ではブラウザが吸収していましたが、アプリではOSによる違いを意識してインターフェースをデザインする必要があります。最も顕著な例で言えば、スマートフォンのAndroidとiOSにおける「戻る」ボタンの有無があります。

eBay (Android)

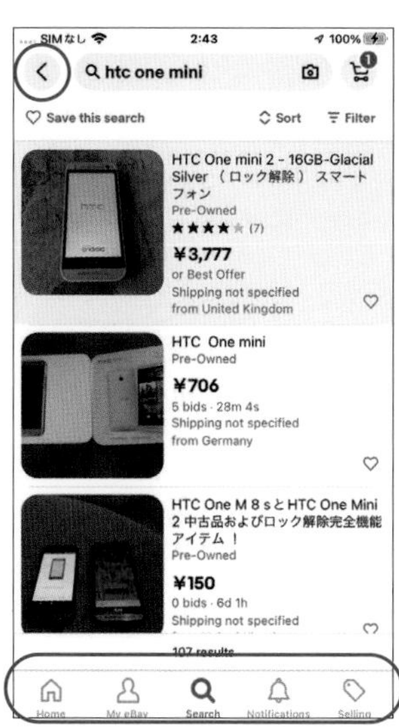

eBay (iOS/iPhone)

Androidは「戻る」ボタンを標準的に必ず持っているOSであるのに対して、iOSは「戻る」ボタンを持たないOSです。同じサービスのスマートフォンのアプリであっても、それぞれのOSで最適となるインターフェースは大きく異なります（4-4参照）。

デメリット以上のメリットが見込めるか

さらに、専用的なことができる反面、アプリはユーザーがわざわざ手間をとって「インストール」してもらう必要があります。その手間に見合った価値があるかどうか、ユーザーだけでなく設計者·開発者側にもデメリット以上のメリットが見込めるかどうかが、アプリには問われます。

○ メリット

- 動作が速く、操作が軽快である
- ジェスチャー操作に対応しやすい
- 起動や中断、再開がしやすい

△ デメリット

- サービスごとのインストールが必要
- OSごとに個別の開発が必要
- OSごとに最適なインターフェースが違う

CHAPTER

3

人間の認知特性

3.1

色、形、動き

人が生まれつき持っている能力を活用しよう。

われわれは、何らかの目的を達成するために、スマートフォンやPCを操作しています。ある事柄を調べたい、面白い動画を見たい、タクシーを予約したい、などなど。そしてその目的のために、どこを選択すれば良いのかを見つけて、操作に対する応答があったことを理解してさらに進んでゆき、最終的には目的を達成する、ということを繰り返しています。ではどうやって、その「何か」を見付けているのでしょうか。操作して変化があったことを、どうやって知覚しているのでしょうか。

実際のところ、人の持つ生まれついての能力によって、インターフェースは支えられています。そして大部分のインターフェースは、「どう見えるか」や「どうなったか」という、五感情報のうちの「視覚」に頼ることで成り立っています。人の持つ生来的な視覚の認知特性を理解して、インターフェースデザインの基礎を押さえましょう。

色：瞬間的に見分ける力

進化の過程で得た生来的な能力

人は生来的に、色の違いを瞬間的に見分けることができます。色に対する認知能力は生まれついてのものであり、努力や修練によって後天的に獲得する類の能力ではありません。

例えば、一面の緑の中から熟した果実だけを素早く見付けることができるのは、人間が長い進化の過程で獲得した能力のおかげです。熟した果実を素早く見付けることができた者は、そうでない者よりも、より生き延びる可能性が高かったことでしょう。そうした者が何代も子孫を残すことで、生来的な能力として身に付けていったと考えられます。

色の違いは瞬間的に把握できる

ここで、「0」から「9」までの数字をランダムに25個並べた中から、ある特定の数字を探してみます。仮に「6」を探してみましょう。左は全て同一色で、右は「6」だけに色を付けてランダムに並べたものです。

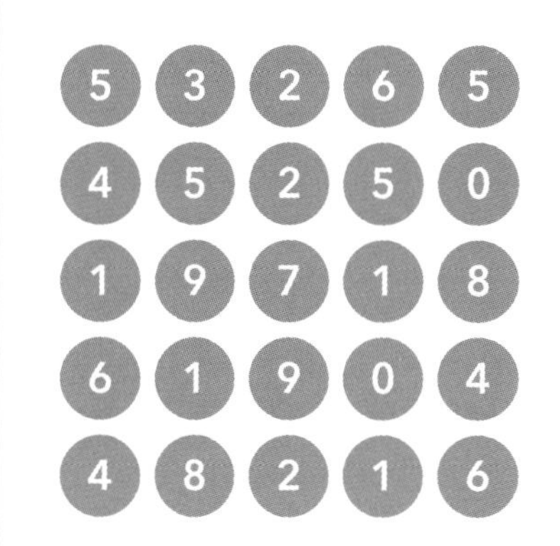

25個の数字をランダムに並べた例

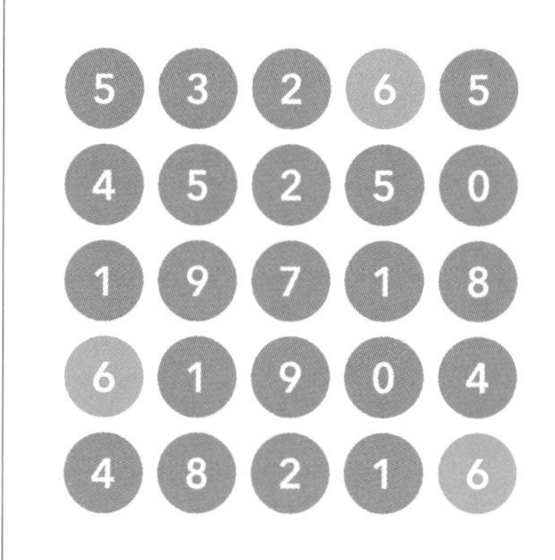

さらに数字の「6」だけに色を付けた場合

左の場合では、目的の「6」を探すためには、順番に全てを見てゆく必要があります。それに対して右の場合では、ほとんど見た瞬間に、色の付いた「6」を見付けることができるでしょう。これが色に対する認知能力、瞬間的に把握する力です。

数が増えても時間はほぼ変わらない

色に対する認知能力で凄いことは、対象の数が増えてもほとんど影響がないことです。今度は100個の数字を、先の場合と同様、ランダムに並べてみます。同じく「6」を探す場合、全て同一色の左の例では25個のときと比較しておよそ4倍の時間がかかりますが、色を付けた右の場合では、やはりほぼ一瞬で見付けることができます。数が増えても色の認識能力に大きな違いはないのです。

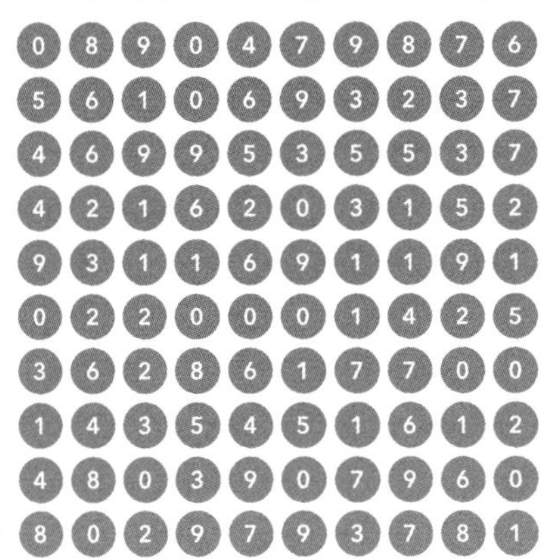

100個の数字をランダムに並べた例

さらに数字の「6」だけに色を付けた場合

色数はむやみに増やさない

ところが、対象の数ではなく、色の数を増やすと影響が現れます。右の例は、さらに「1」「2」「3」にもそれぞれ別の色を付けた場合です。色数が増えた途端に、見分け難くなったことが分かるでしょう。「色数をむやみに増やしてはいけない」と言われる根拠のひとつは、ここにあります。

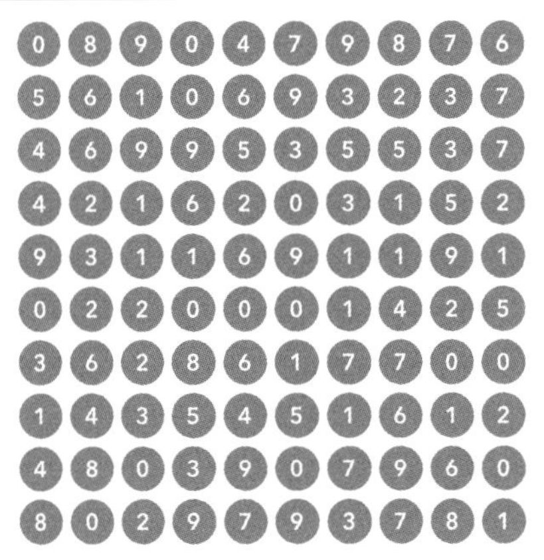

100個の数字をランダムに並べた例

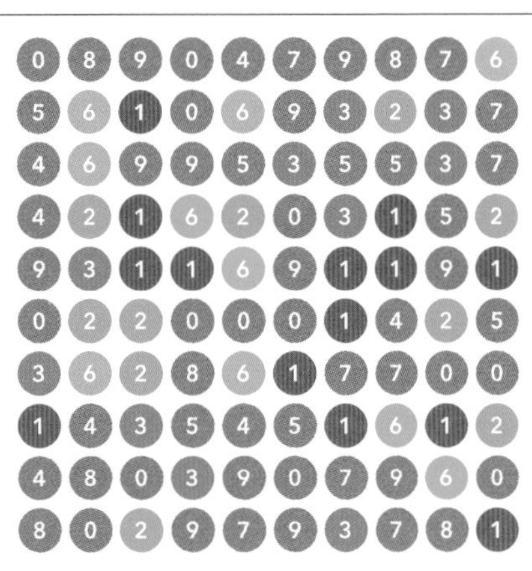

「6」だけでなく「1」「2」「3」にも色を付けた場合

色数は少なくする

「色数をむやみに増やしてはいけない」もうひとつの理由は、運用の不可逆性です。何らかのサービスを運用していく上で、色を増やしていくことは簡単ですが、色を減らしていくことは難しいものです。リリース最初に多数の色を使ってデザインしてしまうと、後々になってから取り返しがつかなくなってしまうためです。

Android（Google）のマテリアルデザインや、iOS（Apple）のフラットデザインでも、色数をむやみに増やさず、少数の重点的な色だけに絞ってデザインされていることが分かります。

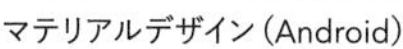
マテリアルデザイン（Android）

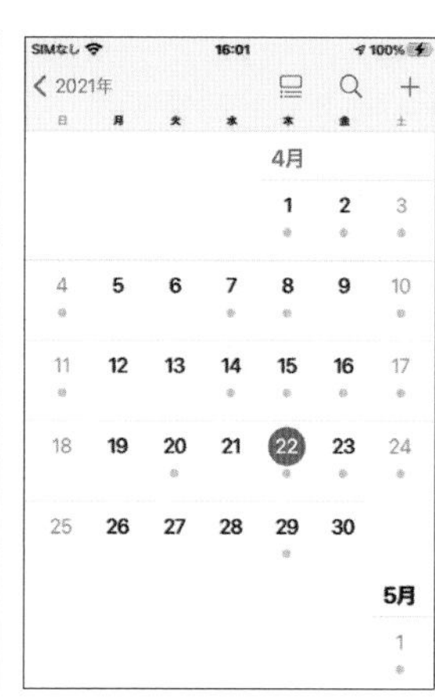

フラットデザイン（iOS）

特定要素の注意喚起

特に注目してほしい箇所にだけ色を使うことで、ユーザの意識をそこに向けることができます。下記の例では「赤」1色を使って、異なる4つの要素を際立たせています。

メルカリ（Android）

現在地の表現

グローバルナビゲーションやローカルナビゲーションで現在地を示すためには、ひとつだけ他と異なる色を使うと、分かりやすく表現できます。

URL https://developer.android.com/about/versions/12/12L/get

色の組み合わせ

色は「色相」「明度」「彩度」の3つの要素から成り立っています。「色相」とは色合いのことで、赤橙黄緑青藍紫にわたるグラデーションです。「明度」とは明るさのことで、強ければ明るく、弱ければ暗くなります。「彩度」とは鮮やかさのことで、強ければビビッドな色味に、弱ければくすんだ色味になります。

色はこれら3つの要素から成り立っているので、ある色を調整して別の色を作り出すときには、

・対になる色を見付ける：色相だけを動かす
・より弱い色を見付ける：明度だけを動かす
・調和を保った色を見付ける：彩度だけを動かす

といった具合に、意図を持って色を探したり、調整することができます。

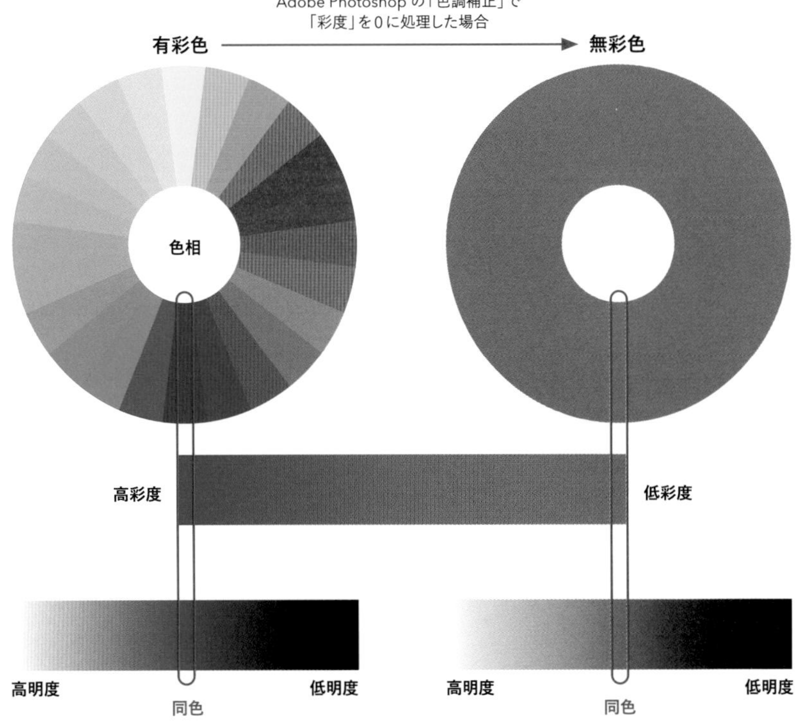

さらに、色は「色が有るもの」と「色がないもの」にも分類されます。色があるものを有彩色、色がないものを無彩色と言います。別の言い方をすれば、無彩色は「白・黒・グレー」であり、有彩色はそれ以外の全てです。

色の意味

色には、それぞれ固有の意味合いを持つものがあります。一般的に「青」や「緑」は安全な意味で使われ、ボタンであれば（良い意味での）決定や確定、送信などに使うのが適切です。「黄色」は注意を促す用途で使われ、「赤」は最も注意すべき事柄に使われます。例えば、ひとたび削除したら元に戻せないといった「致命的な操作」をするボタンには、赤を使うのが適切です。

安全　安全　注意　致命的

明度差

有彩色はそれぞれ固有の明るさ（明度）が異なり、グレースケールにすることでその違いをよく理解できます。有彩色の中で最も明度が高い色は「黄色」で、有彩色と無彩色で最も明度差が大きい組み合わせは「黄色」と「黒」です。この組み合わせが一般的に「警告・警戒」の意味で使われるように、色の組み合わせにも固有の意味合いを持つものがあります。

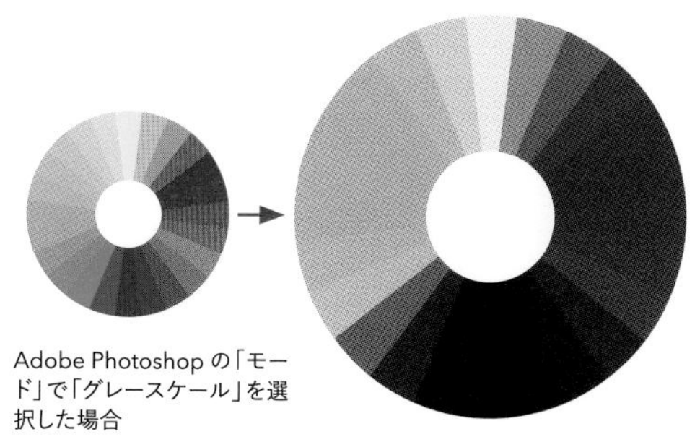

Adobe Photoshop の「モード」で「グレースケール」を選択した場合

文字の可読性

文字の読みやすさには、背景色との明度差が確保されていることが重要です。例えば、青は明度が低い有彩色なので、白文字だと可読性が高く、黒文字では読みにくくなります。反対に、黄色は明度が高い有彩色なので、黒文字のほうが読みやすくなります。

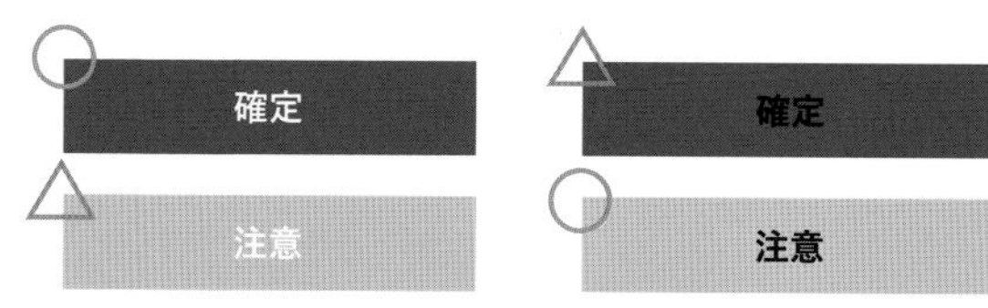

基本的な配色パターン

ベースカラー、メインカラー、アクセントカラー

上手く使えば効果的であるものの、使いすぎると効果が下がってしまうのが、色の特性です。そこで、どのように配色するのが良いかという目安として、ベースカラー、メインカラー、アクセントカラーという考え方があります。

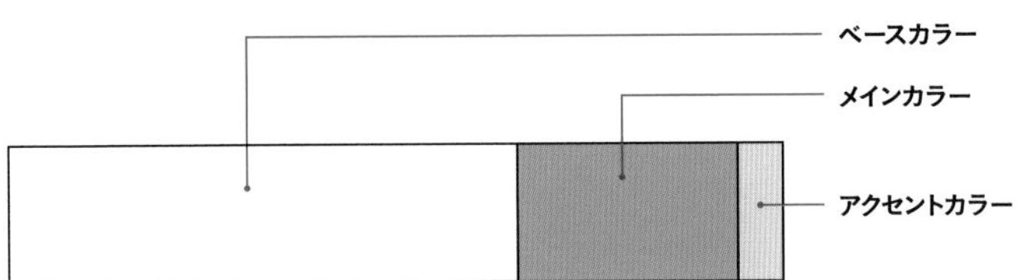

ベースカラーは全体の7割程度を占める、余白や背景などで使う色です。主に白や黒などの無彩色*が使われます。メインカラーは全体の2割程度を占める、ボタンや文字色などで使われる全体の基調となる色です。主に有彩色*が使われます。アクセントカラーは全体の1割弱を占める、少量ながらも最も目立つ色です。この配色パターンは、無難にまとまる基本的な手法として、規模を問わずによく用いられます。

Solid Explorer（Android）

ベースカラー

メインカラー

アクセントカラー

* 有彩色と無彩色：色があるものを有彩色、ないものを無彩色という。別の言い方をすれば、無彩色は「白・黒・グレー」であり、有彩色はそれ以外の全ての色である。

URL https://www.amazon.co.jp/

我々がよく使うサービスにも、この配色パターンに沿ったものは多く見られます。左の例のようにAmazonも例外ではありません。

ベースカラー
メインカラー
アクセントカラー

少数の色を中心にデザインする

先にあげた「ベースカラー、メインカラー、アクセントカラー」の他にも、効果的な配色パターンはいろいろあります。しかし、結局のところ要点は「多くの色を使わずに、少数の色を中心としてデザインする」というところにあります。

ベースとなる色を別とすれば、メイン（基調）に使う色は1色あるいは多くて2色にとどめると、分かりやすくまとまります。

右の2つの例では、それぞれメインカラーを2つ使っており、どちらが特に目立つというわけではありませんが、分かりやすく、全体的なバランスがとれています。

Google Fit（Android）

日本経済新聞（Android）

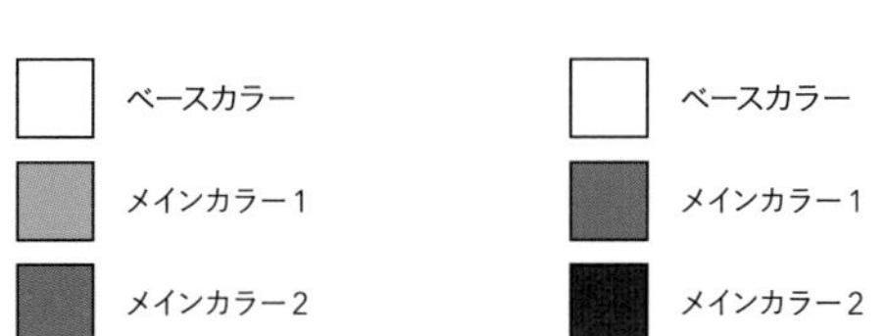

色によるブランド訴求

色には、ユーザーがそれまでに体験してきたイメージを喚起する力があります。

右の動画では、赤、青、黄、緑の4つの色が貼り付けられたいくつかのブロックが徐々に集まっていきます。この4つの色の組み合わせはGoogleがいろいろなサービスで統一して用いているものなので、多くのユーザーにとっては「これはGoogleに関する何らかの動画なのだろう」と、最後まで見終えるまでもなく想起することができます。

Google Cloud Day : Digital '21

このような、色とブランドを紐付けている事例は世の中にたくさんあり、強力なブランドほど、特定の色の組み合わせを継続して使い続けています。ティファニーは「ティファニー·ブルー」とも呼ばれる水色を基調色として、さらに白を組み合わせた配色。JRは看板や改札などを緑の基調色に白文字で揃えています。ブランドの認知と訴求のために、各社とも色の組み合わせを重視しています。

ティファニー

JR

配色だけで想起させる力

ある色の組み合わせは、製品を形作るまでもなく、それを見ただけで特定の対象やブランドをイメージしてしまうほど、強力なものになります。そういった色の組み合わせを作り出すことができれば、大きな資産となります。

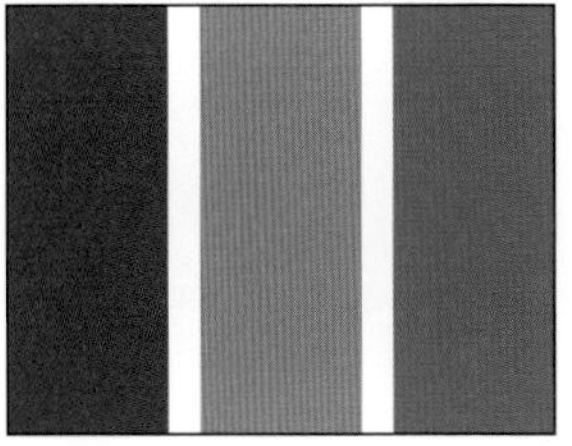

セブンイレブン

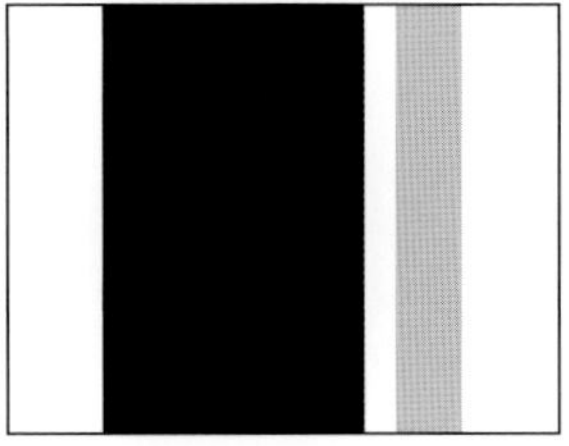

Amazon

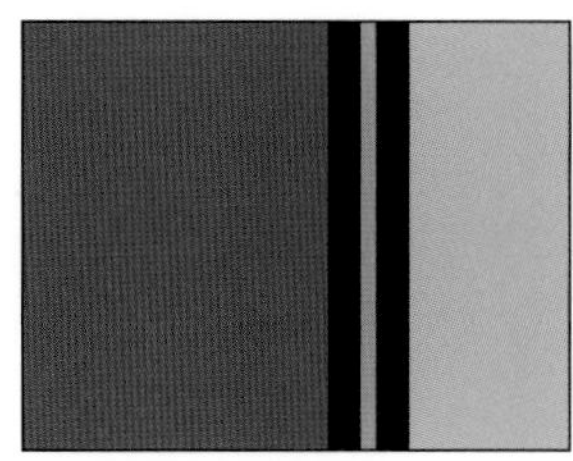

エヴァンゲリオン初号機

ブランド認知は向上、識別性は低下

Googleではブランドイメージとして、赤、青、黄、緑の4つの色を組み合わせたロゴを統一して用いるようにしています。これによって確かにブランド認知は向上しますが、その一方で残念ながら、識別性が損なわれている傾向があります。

右の例は、全てGoogleのサービスですが、どれが何のサービスであるかは、一目瞭然とはいきません。むしろこの状況では、以前のアイコンのほうが識別性は高いでしょう。

ブランドカラーの統一性と識別性は、状況によっては相関しないものとして、気を付ける必要があります。

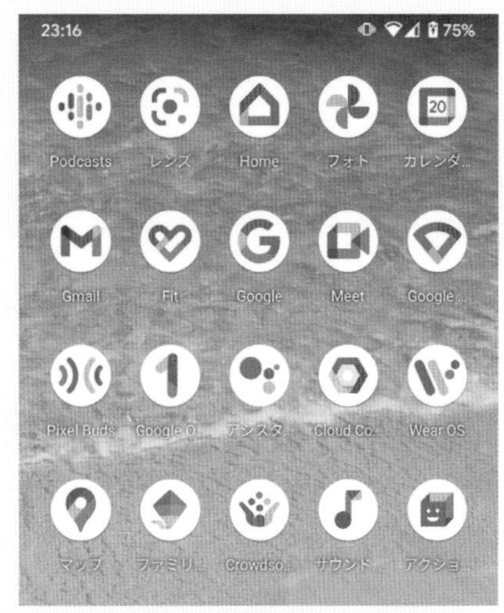

Googleのアプリたち

以前のアイコンデザイン

形：異なるものを見付ける力

色の場合と同様に、人は形についても瞬間的に違いを見分ける能力を持っています。同じく、進化の過程で獲得した生来的な能力だと考えられます。

果実や穀物といった大量の同種のものの中から、有害と考えられる形のおかしいものを素早く選別できた者は、そうでない者よりも生き延びやすかったことでしょう。そうして生き延びた者が子孫を残すことを繰り返すことで、形の違い、異なるものに対する認知能力を備えるようになったと考えられます。

大きく形が違うものは、瞬間的に見分けられる

ただしそれは、形状が大きく異なる場合にのみ有効で、似たような形状の場合では、ほとんど効果を期待することはできません。

R R R R R R R R R R R

R R R R R R R R R R R

R R R R P R R R R R R

R R R R R R R R R R R

R R R R R R R R R R R

R R R R R R R R P R R

R R R R R R R R R R R

R R R R R R R R R R R

アルファベット「R」の中にある「P」

R R R R R R R R R R R

R R R R R R R R R R R

R R R R Z R R R R R R

R R R R R R R R R R R

R R R R R R R R R R R

R R R R R R R R Z R R

R R R R R R R R R R R

R R R R R R R R R R R

アルファベット「R」の中にある「Z」

上の図は、たくさん並んだアルファベットの「R」です。その中に、左では「P」を、右では「Z」を、それぞれ2つずつ混ぜています。どちらも混ぜた場所は同じです。両者を比較すると明らかに、「(左の) P」よりも、「(右の) Z」のほうが探しやすいことが分かります。「P」よりも「Z」のほうが、「R」に対して形が大きく異なるためです。

「形」の違いは、「色」だけに頼らずに、ステータス（状態）の違いを表現するのに役立ちます。下の例（Googleフォト）では、選択した写真は形状が変化するので、どの画像が選択済みであるか一目瞭然です。また、色覚に特性のある人に対しても「形」であれば違いを伝えられるので、「色」だけに頼らないインターフェースとしても、形状の変化はとても有効です。

Google フォト（Android）

※選択済み状態

※グレースケール時

特に、フォーカス移動を前提とするTVのインターフェースでは、形状の変化は、現在地に相当する「フォーカスの位置」を明示する上で、とても重要な役割を果たします。一般的に、大きくなっている部分が、その時点でのフォーカス位置を表します。

Android TV

動き：変化を見付ける力

「動き」や「変化」があると、それが好むと好まざるとに関わらず、意識をしていなくても人はそこに注目してしまうという特性があります。また動きや変化によって、ユーザーは理解して操作を進めることができます。動きはインターフェースを支える重要なエッセンスです。

動くものは目に付く

理容室でしばしば見られる回転するサインポールや、テキストが横に動いていく電光掲示板など、動きや変化があるものには、意識をしていなくてもついつい目がいってしまいます。動きがあることで、より注目されるようになります。

サインポール　電光掲示板

上の例では､「カヤック」「ハイキング」「魚釣り」という3つの入り口の上部に、動きを伴ったイラストが順番にローテーションしながら表示されます。その動きのために、何があるのか、どの入り口なのかが、否応なしに分かります。

URL https://dribbble.com/shots/11631038-Tourism-Plans

受動的な変化と、能動的な変化

先にあげた例が、ユーザーの操作とは全く関係のない「受動的」な変化であるとすると、ユーザーの操作に対して反応する変化は「能動的」な変化とも言えます。受動的な変化はユーザーの注目を集めますが、能動的な変化はユーザーに理解を与えます。ユーザーの操作に対する応答をインタラクション*と言いますが、この反応の有無によって、ユーザーはシステムの状態を理解し、操作を進めることができるのです。

* インタラクションについては、3-2にて、さらに詳細に説明しています。

ホバー時の変化で、そこが他と違うことが分かる

古典的な例として、PCでホバー（マウスオーバー）したときにそこがリンクやボタンなどクリックできる場所であれば、対象が変化します。この変化を認知できる能力によって、ページからページへとスムーズに移動し、目的となるアクションを達成することができます。

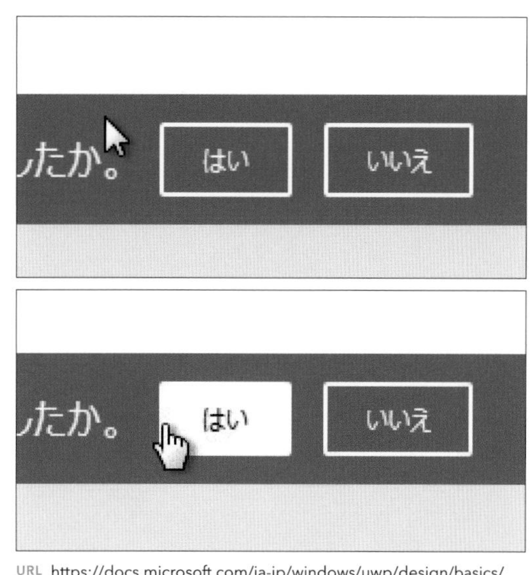

URL https://docs.microsoft.com/ja-jp/windows/uwp/design/basics/

タップ時に反応（変化）があることで、入力されたことが分かる

スマートフォンの画面でタップした瞬間にも、ほとんど気づかれない程度の瞬間的な変化が描画されています。

この反応によって、確かにタップを受け付けてもらったのだというユーザーへの理解、信頼感を与えることができます。

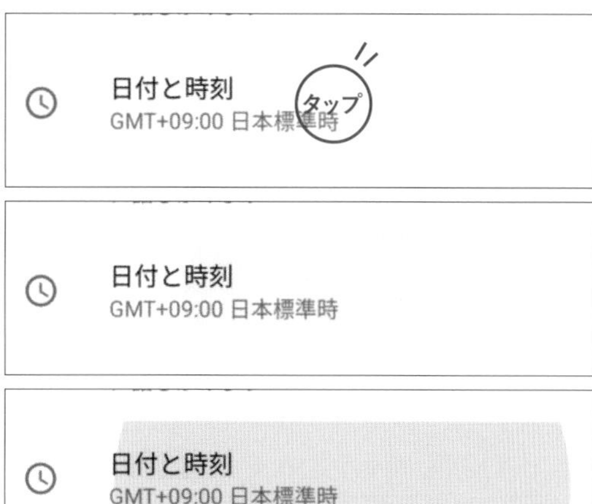

Android OS

3.2

インタラクション

「動き」の役割は、注目・理解・演出。

インタラクションとは本来、ユーザーが操作（入力）したときに、システムがどのように応答（出力）するかという「相互作用」を意味します。しかし、Webやアプリを中心としたインターフェースデザインでは、ユーザーの操作に対して「どのような動きや変化があったか」という意味合いで多く使われます。昔と比べ、現在では多様な「動き」が実現できるようになり、動きそのものが、使いやすさに大きな役割を果たすようになりました。

誰でも目に付く大きなところから、誰も意識しない微細なところまで、どんな操作のときにどのような動きをするのかという「動き」の設計は、サービスの使い勝手を左右する、重要なデザイン領域です。動きの効果は大きく分類すると「注目」「理解」「演出」の3つから成り立っており、特に「理解」の効果は重要です。場合によっては、サービスの価値そのものに直結するほど、大きな役割を果たしています。

「注目」としての動き

動くものに目が行くのは、人間としての本能です。ユーザーインターフェースとしての「動き」の役割のひとつは、その対象を注目させることにあります。動きを付けることで、恣意的にユーザーの意識がその対象に向くように、仕掛けることができるのです。

起動後に動き出すメーター

Google Fit は毎日の運動量管理アプリです。最も重要なサマリー情報である「中央の円グラフ」は、アプリが起動してからメーターが動き出すので、自然と最初にそこを見てから他のことを始めるようになります。

Google Fit（Android）

ループするアニメーション

Yahoo!ショッピングで毎日のように提供されるクーポン情報は、ループするアニメーションとして画面右下に居座り続けます。無視したい心情とはお構いなしに、動きがあることで、つい目がいってしまいます。

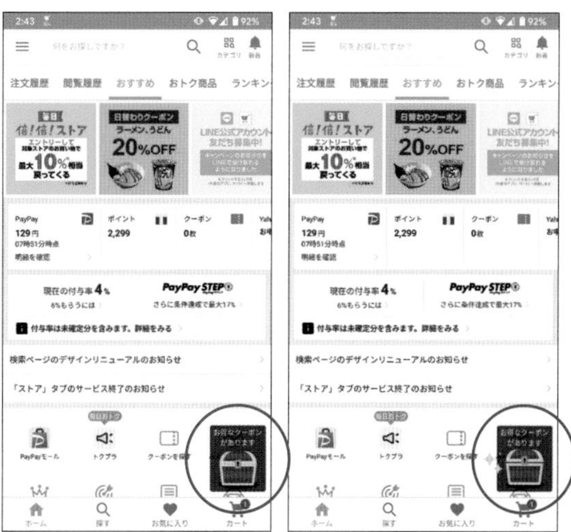

Yahoo!ショッピング（Android）

「理解」としての動き

ある状態から別の状態に変化するときに、少なくとも現実世界では、一瞬で姿が変わったり移動したりすることはありません。どんなに短い時間であっても、連続的な変化過程があります。それと同じことをソフトウェア上でも動きとして表現すれば、ぐっと理解しやすくなります。

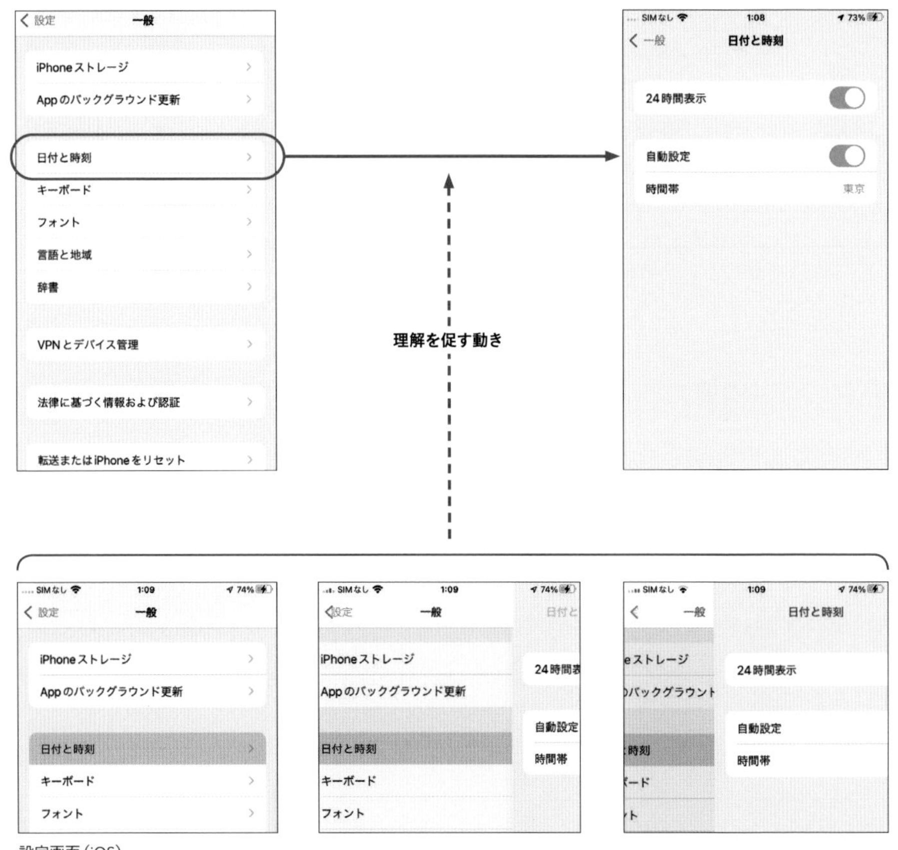

設定画面（iOS）

iOSの設定画面では次の画面に移動するときに、理解を促すための動きを盛り込んでいます。「日付と時刻」をタップすると、まずそのエリアの背景色がグレーに変化したのち、次の画面が右側から覆いかぶさるように現れます。タイトルの「一般」は左に移動しながら、同時に青く小さくなり、次の画面での「戻る」ボタンへと変化します。新しいタイトル「日付と時刻」は右側から徐々に現れて中央に移動し、次の画面のタイトルとなります。これら一連の動きが1秒弱の間に行われており、これによって、ユーザーは何が起こってどうなったのかを、より体感的に理解できるようになります。「理解」としての動きは、ソフトウェア上の仮想世界と、我々のいる現実世界のあいだを取り持つ、重要な仲介役を果たしています。

URL https://erik-joergensen.com/en/collection/chairs/

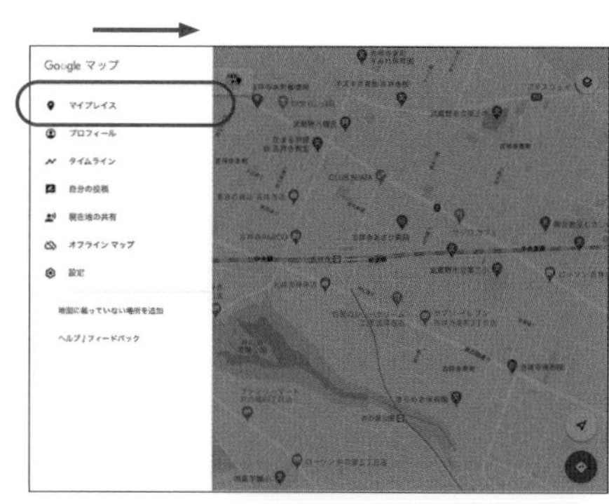

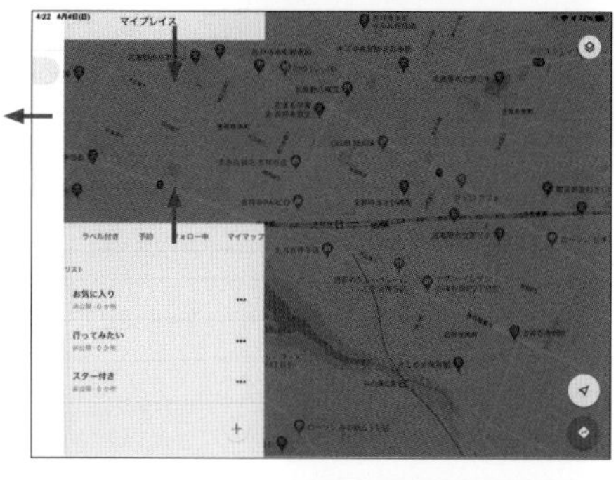

Googleマップ（iOS/iPad）

拡大して表れるページ遷移

「椅子」の画像をクリックすると、次のページが拡大しながら表示されます。何をしたらどうなったのかを動きとして表現しています。

2段目のスライドメニュー

1段目のスライドメニューは左から、2段目は別の方向（上と下）から現れるようにすることで、違う階層に移動したことが分かりやすくなります。

「演出」としての動き

動きを付けることで、純粋な面白さやカッコよさを表現することもできます。こういった「演出」としての動きは、操作する楽しさや面白さを通して、サービスやブランドの魅力を訴求する手法として使われます。

スクロールに従って画面に変化を付けることは、最も一般的な演出としての動きです。下記のサービスでは画面をスクロールしていくと、各種パーツがそれぞれに動いていきます。

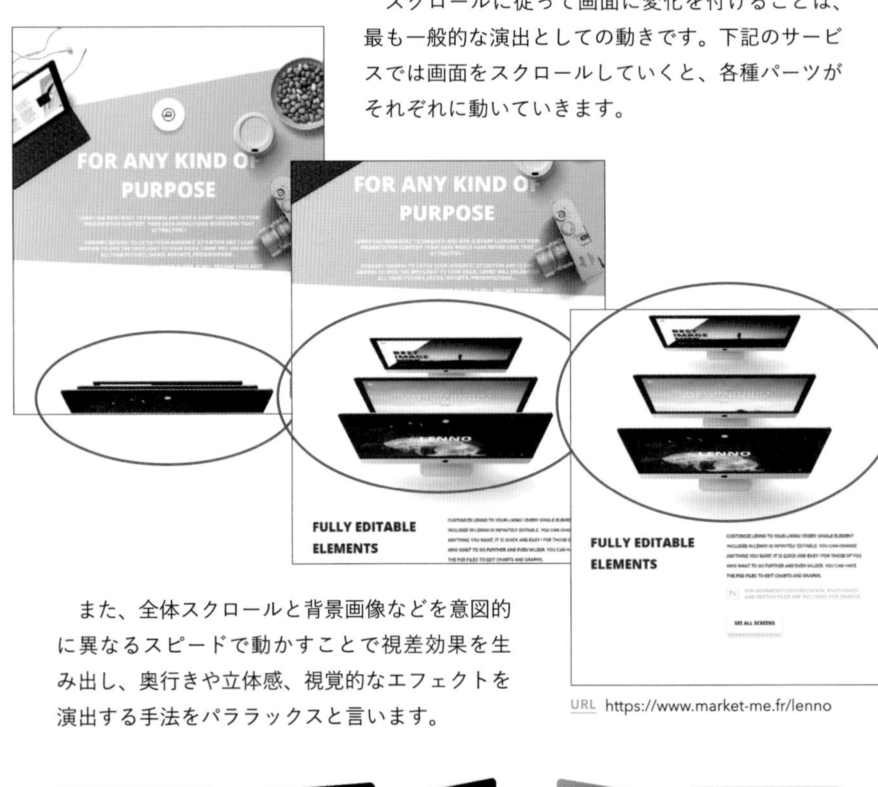

URL https://www.market-me.fr/lenno

また、全体スクロールと背景画像などを意図的に異なるスピードで動かすことで視差効果を生み出し、奥行きや立体感、視覚的なエフェクトを演出する手法をパララックスと言います。

URL https://codepen.io/nicolaspavlotsky/full/wqGgLO

パララックスには横向きでの表現もあります。上の例では、カードとその上に乗る文字が回転によって微妙に異なるタイミングで動くため、あたかも中央部が盛り上がった厚みのあるカードのように見えます。

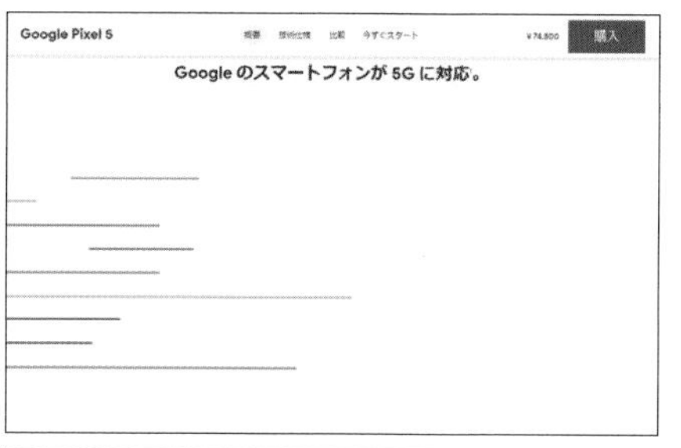

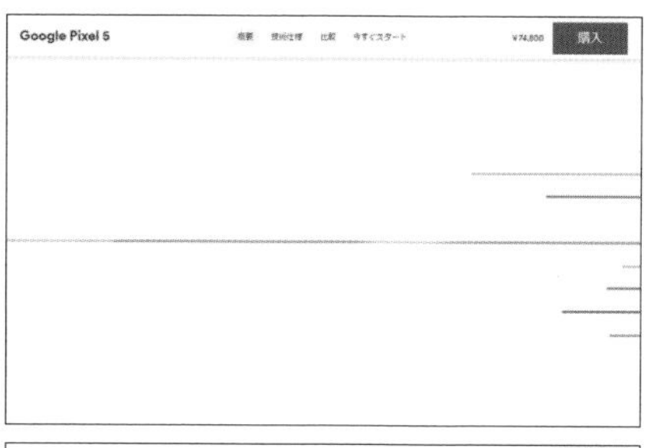

URL https://store.google.com/jp/product/pixel_5

ストーリーの表現

画面のスクロールによって変化を付けるだけでなく、その動きによって一連のストーリーとして表現することも「演出」としての働きです。左の例では、左右に疾走する線から動画が展開し、それがスマートフォンの画面に変化していく様が、画面のスクロールに従って連続的に描かれていきます。

入力フィールドの状態

味けない入力フィールドも、工夫次第では魅力ある表現の場となります。下の例では、文字を入力する先をクマが目で追ってゆき、パスワードのときには目隠しします。何気ない楽しさを演出しています。

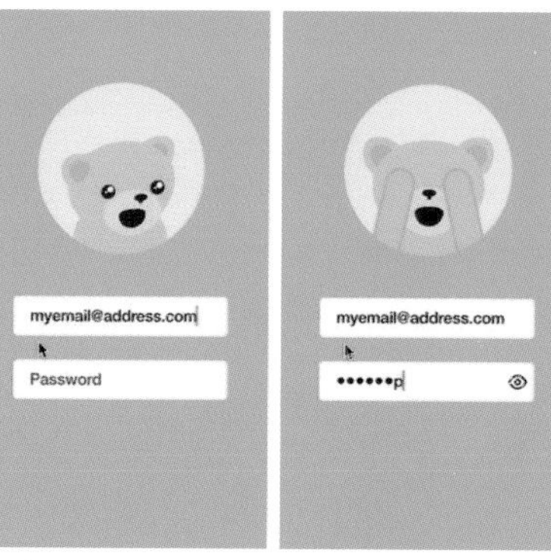

URL https://github.com/cgoldsby/LoginCritter

複合的な効果

「理解」の動きであり、「演出」のためでもある

「動き」の効果は、複合的に使うことができます。SmartNewsではカテゴリを移動するために、画面上部のタブを選択（タップ）するか、あるいは画面をスワイプします。どちらの場合であっても、「ページがめくられる」演出が差し挟まれますが、この演出によってユーザーは、操作で何が起こったのかをはっきりと理解できるようになります。SmartNewsの価値と独自性は少なからず、このインタラクションに存在する、と言っても差し支えないでしょう。

SmartNews（iOS/iPhone）

「注目」させて、意味を「演出」する

Androidのホーム画面にある「検索フォーム」は、特定の日ごとに、独自の演出を行います。右の例は2月中旬のことで、OSを起動して少しすると、検索フォーム左側からアニメーションが始まりました。動くものには目がいってしまうので否応なく見ていると、最後に赤いハートが出てきます。今日（2/14）はバレンタインデーなのだと、そこで初めて気が付きます。

Android 11 ホーム画面

マイクロインタラクション

最小単位のインタラクション

マイクロインタラクションとは、気づかれることのないような、さり気ない最小単位のインタラクションのことです。よく見ると様々なサービスの細部にいくつも盛り込まれており、これらの有無によってはサービスの使い勝手に大きな違いが生じてしまう、無視できない存在です。

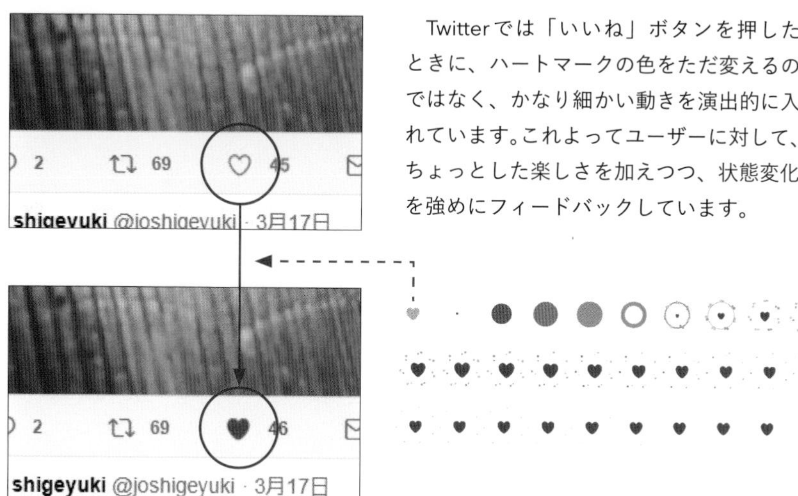

Twitterでは「いいね」ボタンを押したときに、ハートマークの色をただ変えるのではなく、かなり細かい動きを演出的に入れています。これよってユーザーに対して、ちょっとした楽しさを加えつつ、状態変化を強めにフィードバックしています。

URL https://twitter.com/

他にも、パスワード設定の画面では、入力された文字についての妥当性を、フォームの下にすぐに表示してくれます。「なくても機能として支障はないが、あったほうがなお便利である」といったささやかな利便性が、マイクロインタラクションによって実現され、それらの積み重ねがサービス全体の品質を底上げします。

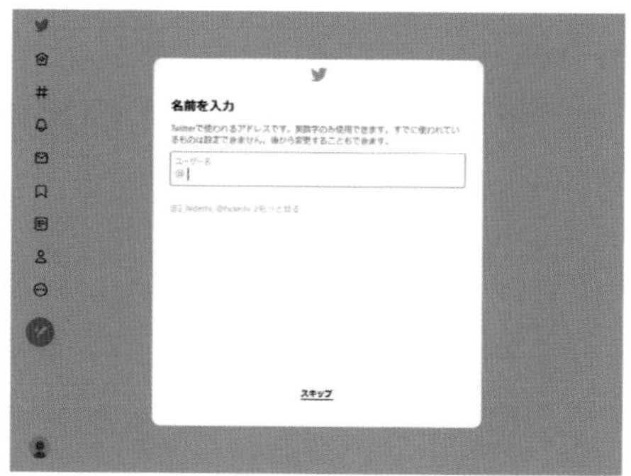

URL https://twitter.com/

▶ 実例2 レストランのタブレット注文システム

とあるレストランで見かけた、タブレットによる注文システムのインターフェースが気にかかりました。ひととおりの操作はできるものの、まだまだ改善の余地がありそうな操作体系でした。どうすれば良くなるか検討してみます。

画面上に、基本となるナビゲーションを集約して、それ以外の領域は左右のページングでコンテンツを参照するインターフェースです。上部左側には「食事メニュー」があり、「注文（ORDER LIST）」「呼出（CALL）」は右側に配置されています。また、「注文」「呼出」はいつも固定で表示されています。

今どこにいるか分かりにくい

「LUNCH」を押すとランチメニューに切り替わりますが、上部の表示には特に変化などもなく、Home時と全く違いがありません。なお「Home」を押すと最初の状態に戻ります。右上の「Back」を押しても、ひとつ前に戻ることができます。

LUNCHとDINNERでルールが変化

「DINNER」を押すとディナーメニューに切り替わります。ですが、ディナーメニューはカテゴリが多いので、「LUNCH」と「DINNER」は上部から消え去り、前菜やデザートなどのDINNER下層メニューのみにルールが変化します。

DINNER時でも現在地不明

「FOOD」「WINE」「DRINK」「デザート」などジャンルが細分化されるものの、FOODは4ページ、WINEとDRINKはそれぞれ1ページと異なります。そのため、ページングを続けてジャンルをまたいだときに現在地が不明解になります。

ページングのインタラクション

左右にページングをすると、画面全体が移動します。もちろんこれでも機能はするのですが、ページングするエリアには改善の余地がありそうです。

Backボタン

表示する場所をいつも同じにすることは適切ですが、Home時でも表示する必要はなさそうです（ちなみにHome時に押すと何も起こらない）。

また、「BACK(戻る)」という表現なのに、画面右上に設置していることも少し気にかかります。

改善案

基本的なレイアウトはそのまま変えずに、ナビゲーションとインタラクション、不要な要素の見直しを行ったところ、下記のような具合になりました。

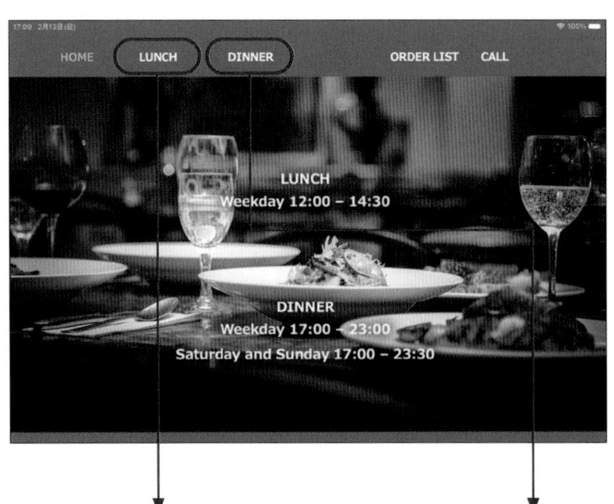

現在地を示す、ルールを揃える

何よりも今どこにいるか、現在地（カレント表記）を表示します。ナビゲーション上の現在地に、文字色・太さ・目印など、何らかの差別化表現を施します。さらに、LUNCH時とDINNER時で、ナビゲーションのルールを揃えます。項目の多いDINNERでは、サブメニューとして展開します。ルールをサービス全体で統一することで、操作の予測が効くようになります。

上部固定で中面のみをページング

ページング時に上部のナビゲーションエリアは固定して、下部のみページングするようにします。また、上部の現在地（カレント）表示もページングに併せてリニア(無段階的）に移動するようにします。そうすることで、自分の操作によって何が起こり、どこからどこに移動しているかが、さらに理解できるようになります。

Backボタンの見直し

「戻る」ボタンは、「<」左矢印と一緒に使うなら左側に設置します。どうしても右側に設置するなら「<」は使わないほうが良いでしょう。実は、ナビゲーションを改善したことで「戻る」ボタンがなくても問題がなさそうなので、いっそのこと削除してしまいます。

写真の説明、ドットインジケーター

写真の料理がどれなのか分からないので、対応付け、あるいは説明書きをつけたいところです。また、DINNERのサブメニューによっては複数ページを持つものがあるので、ドットインジケーターなどを使って、サブメニュー内での位置関係を示します。

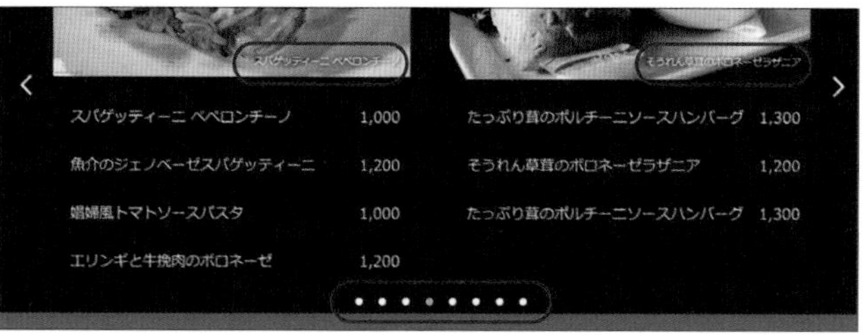

3.3

整列と区分

並べることで、違いが分かる。

ビジュアルデザインの基本は、まず並べることから始まります。おもちゃ、ブロック、皿、本、どんなものであれ、整理整頓するときにどうしているでしょうか。まず、不要なものを取り除き、残ったものから似たもの同士を集めて並べます。並べることで、何があるのか、それぞれどのくらいあるのか、いろいろなことが分かるようになります。

すると次に、それぞれの仲間同士でも、さらに分類したほうが分かりやすくなると気が付きます。料理の本はこの棚に、仕事の本はこちらの棚に。同じ棚に載せるのであれば、料理の本と仕事の本の間にブックエンドなどの間仕切りを置いて、それぞれのエリアを区分します。Webサイトやアプリの世界でもそれは同様です。並べたのちに、意図して区切りを付けます。ただし、区切りが目立ちすぎると情報のノイズなるので、判別がつく必要最低限に留める、ここが認知負荷の低減につながるポイントのひとつです。

整列

バラバラであったものを、何かひとつの基準で並べることを「整列」と言います。整列することで、それらはひとつのまとまりとして意味を持つようになります。整列されたもの同士は、何らかの関係をもったひとつの集合体になります。

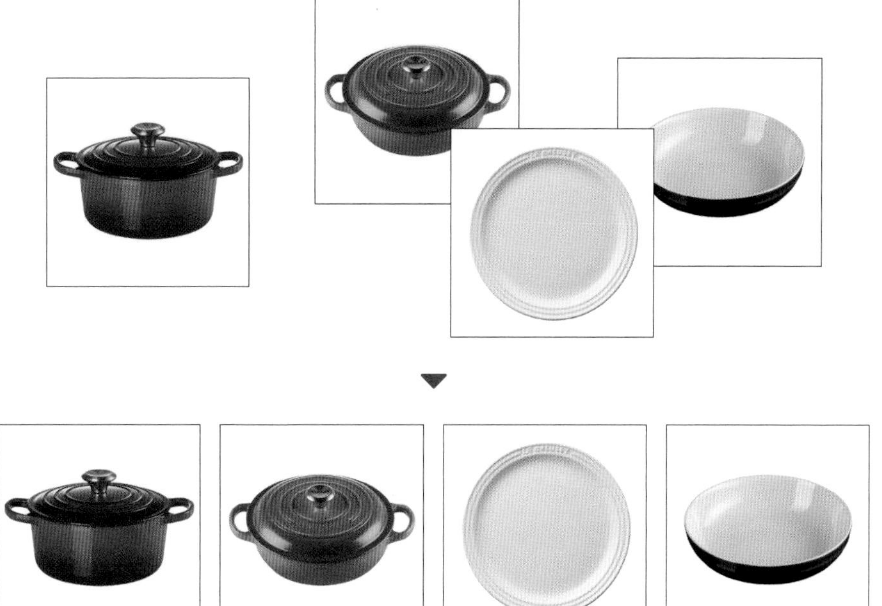

整列とは、別の見方をすれば、認知負荷を低く安定させた状態です。もし、整列された要素にひとつのズレがあれば、そこに違和感（認知負荷）が生じていることが分かるでしょう。

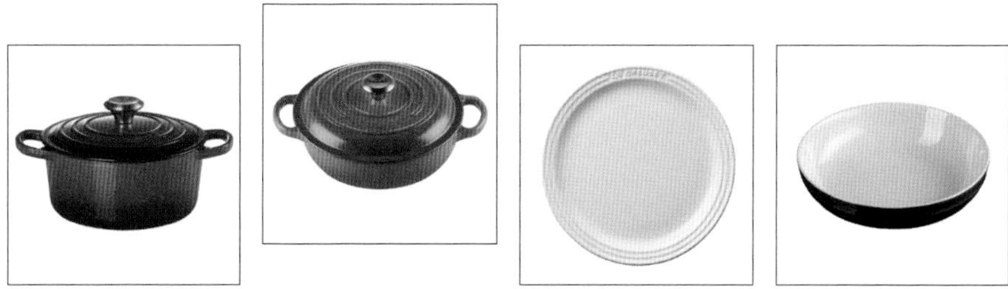

協力：ル・クルーゼ ジャパン株式会社（https://www.lecreuset.co.jp/）

情報区分の強さ

整列されたものが多数あるとき問題になるのが、どこが情報の境界なのか、ということです。情報を分類する方法はいくつかありますが、効果が弱いものから順に並べると、以下のようになります。

（弱い）　隙間 < 罫線 < 背景色 < 囲い （強い）

まず「隙間（スペース）」で情報の区分けを試み、それが難しくなったときには「罫線」を、それでも難しい場合は「背景色」や「囲い」を使うといった具合に、弱いものから徐々に用いていくと良いでしょう。というのは、「罫線」や「囲い」も情報のひとつであり、それらが多数存在することで認知の負担になるためです。

もし、スペースや罫線だけで情報の分類ができれば、画面がゴチャゴチャと煩雑にならず、スッキリと整理できます。背景色や囲いといった強い手段を使わなくても支障がないのであれば、それに越したことはありません。特に慣れていないうちは、ついつい何でも「囲い」を使ってしまい勝ちなので注意が必要です。囲いを多用するほど画面は煩雑になっていき、分類がはっきりすることと引き換えに、全体としての認知負荷が高まってしまうからです。

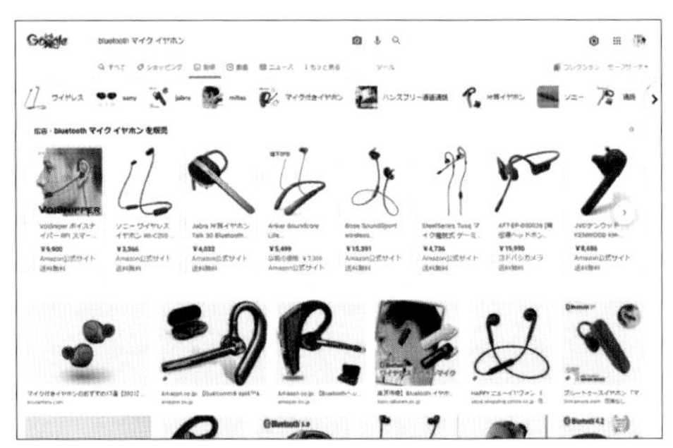

Google 画像検索

隙間（スペース）

罫線

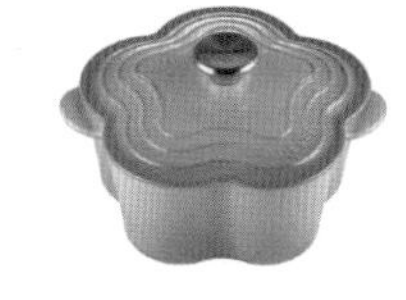

背景色（囲いの一種）

囲い

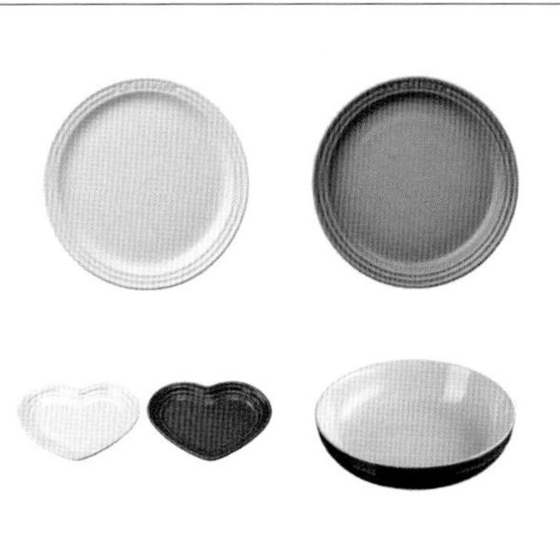

3.4

近接・反復とスクロール

繰り返すことで、向きができる。

整理して並べたあとに行われることは、それが繰り返されることです。そうすることで何百、何千といった大量の情報であっても、同じ規則で並んでいる限り、人間に理解できるようになるからです。Webサイトやアプリでは、並べたものを繰り返し表示することには、特別な意味があります。それは「向きが生まれる」ということです。

本棚や食器棚のように、すでに並べ方に決まった向きがあるものとは異なり、Webサイトやアプリでは、縦でも横でも、画面の形によっては円形にでも、自由に並べる向きを作ることができます。ではどの向きがもっとも「分かりやすい」のでしょうか。それは画面の形や、並べる要素の形、さらに要素にどの程度テキストが含まれているかといった、複合的な要因から決まります。紙面のデザインとは異なる、デジタルデバイス特有の考え方を理解しておきましょう。

近接

関連する項目をまとめてグループ化することを「近接」と言います。関連する要素を空間的に近づければ、それらは何らかの意味をもった、まとまったグループに見えるようになります。

協力：ル・クルーゼ ジャポン株式会社（https://www.lecreuset.co.jp/）

関連しないもの同士を近づけてはいけません。近接とは、近くにあるもの同士が、何らかの関係性を持っていることを意味するからです。近接によって、そのページ内の構造と意味を、ユーザーは直接的に把握できるようになります。

反復

整列あるいは近接したもの同士が、繰り返されることを「反復」と言います。反復される要素は、文字の太さ・罫線・色・デザイン的な要素・特定のフォーマットなど、多岐に及びます。つまり、ユーザーが視覚的に認識できるものであれば、何であっても「反復」することができます。

|インテリア・食器

|特価品

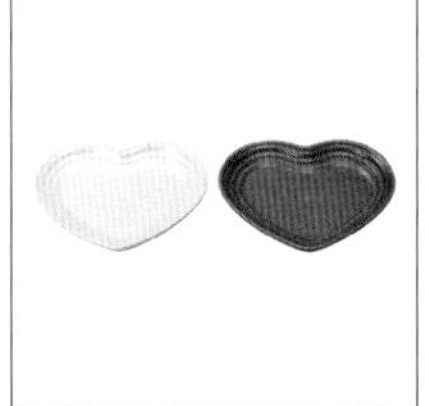

|最近アクセスした商品

別の見方をすれば、反復は「一貫性」と考えることもできます。仮に「8ページのコンテンツ」があるとすれば、見出し・文字の大きさや色・ページ番号の位置など、全てのページで共通した、いくつかの要素が反復して使われていることでしょう。それらの一貫性によって、8つのページが同じコンテンツの一部であることが明確になります。もし突然あるページで、それまでのページまで引き継がれてきた「反復」が存在しなくなれば、全体の一貫性は失われてしまいます。反復とは、全体にわたって一貫性を維持するための手法です。

スクロールの向き

「反復」と切っても切り離せない概念が「スクロール」です。というのは、ある画面内で反復を続ければ、いずれ必ず画面の末端に付き当たってしまうため、画面を伸ばす（スクロールする）ほかないからです。そこで問題になるのがスクロールの「向き」です。画面が四角形であることを前提とするならば、縦と横、どちらにスクロールするのが自然に感じられるのか…。

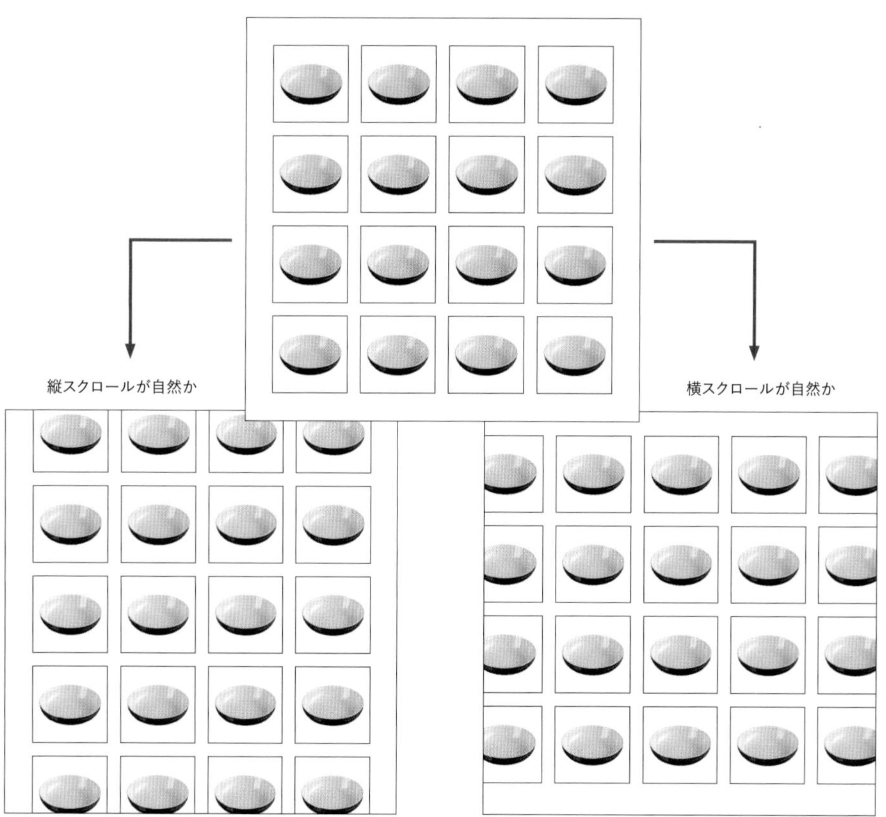

実は、どの方向へのスクロールが自然に感じられるかは、以下の要因によって左右されます。それぞれの要因は複合的に関わり合うため、絶対的な基準というものではありません。

- 画面の形
- 要素の形、要素同士の隙間、要素末端の見切れ
- テキストの有無

画面の形

画面が四角形である前提の上でですが、スクロールは画面の長い方向に向かおうとします。横長の画面であれば横スクロールが、縦長の画面であれば縦スクロールが、より自然に感じられるでしょう。より正確には、画面の長い向きのスクロールのほうが、ユーザーの認知的な負担がより少なく済むために、自然に感じられます。

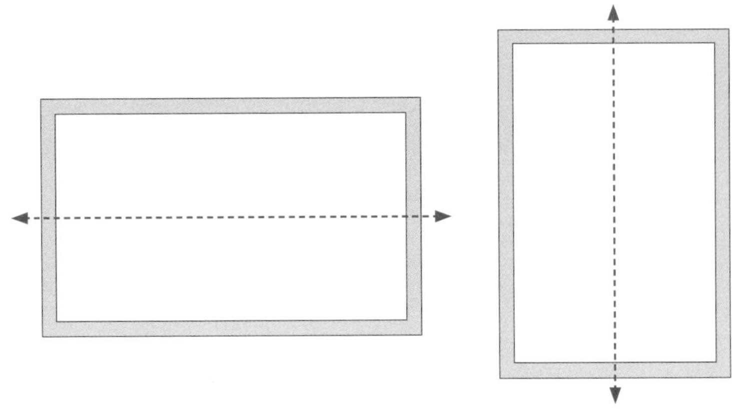

なぜ認知負荷が少なく済むかと言うと、スクロールによって生じる画面の変化量が、画面が長い向きのほうが少なくて済むからです。これは、MacBook Proに採用されていたタッチバーのように、縦横の長さに大きな違いがある場合を考えれば、理解しやすいと思います（なお、画面全体が切り替わる「ページング」と混同しないように注意してください）。

MacBook Pro タッチバー

PlayStation Store（PS4）

Google フォト（Android）

要素の形

次からは、反復する要素そのものの影響についてです。まず、反復する要素の形が四角形のとき、その形が横長であれば縦のスクロールに、縦長であれば横のスクロールに向くようになります。よりたくさんの要素を置ける方向に、スクロールは向かおうとします。

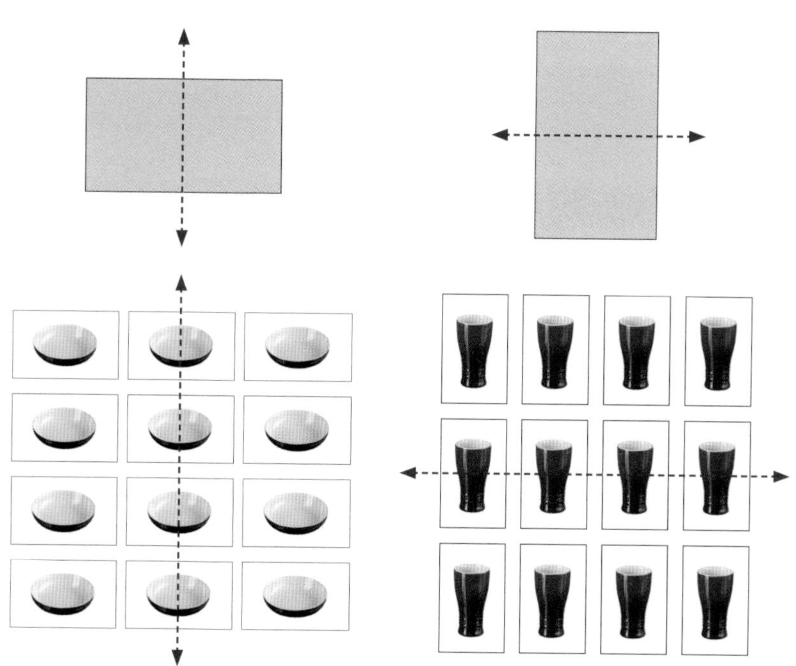

これは、例えば本棚に並べたたくさんの本のように、縦横の長さに大きな違いがある場合を考えれば、理解しやすいと思います。本の背表紙はほぼ例外なく縦長なので、横に並んでいきます。本を平置きするのであれば、今度は縦に並べることになります。スクロールの向きにも、同じことが当てはまります。

本棚

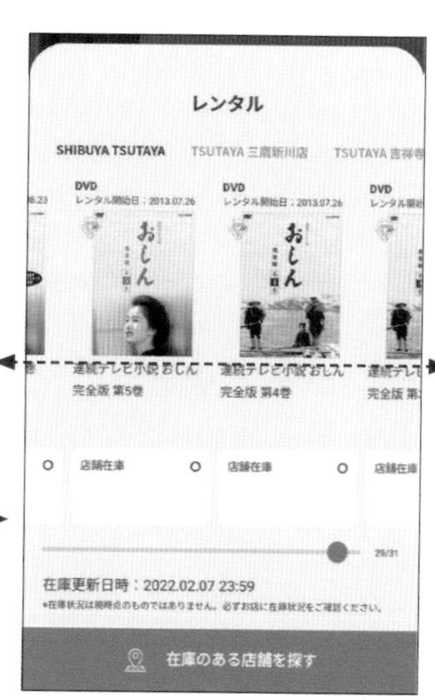

TSUTAYA（Android）

要素同士の隙間

その次が、要素同士の隙間（スペース）の影響です。隙間が広いほど、その方向にスクロールは向かおうとします。これは「近接」の原則に従って、隙間の小さいもの同士が、ひとつのブロックとして見えやすくなるためです。

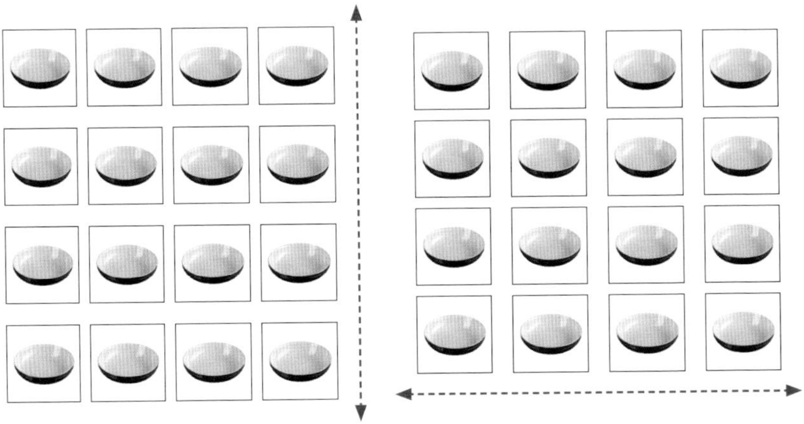

要素のかたまりとなった大きなブロックが、大きな隙間の方向に反復して並んでいる。そう見えてしまうことで、自然に感じられるスクロールの向きができるようになります。

PlayStation Store（PS4）

要素末端の見切れ

要素の影響の最後が、末端の見切れです。上下左右の画面の端に要素がかかるときに、全ての要素を見せずにわざと見切れを作ることで、そちらの方向にスクロールが続いているように見せることです。

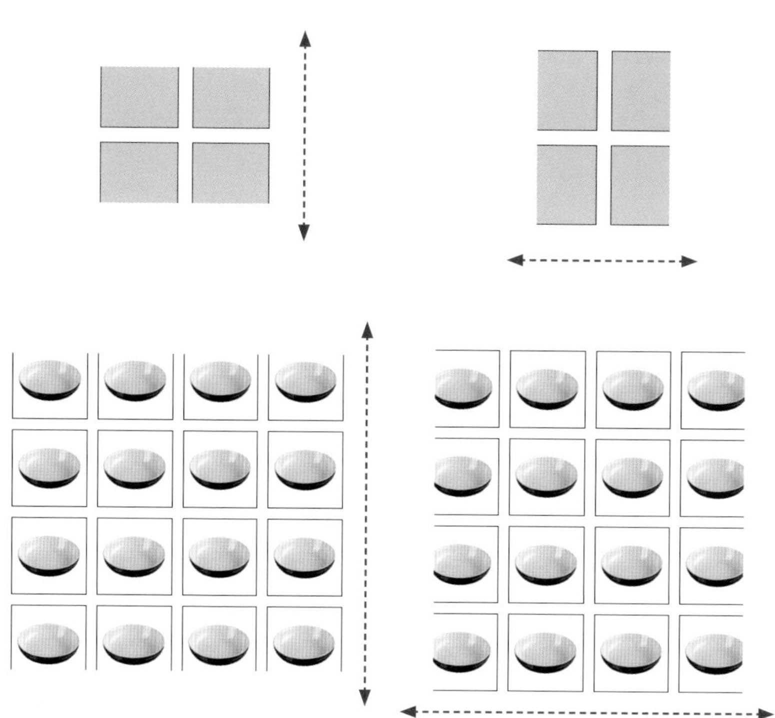

この「末端要素の見切れ」には強制力があり、特に横スクロールを意図的にユーザーに認知してもらいたいときには、とても便利な手段になります（もちろん、縦スクロールの場合であっても強い効果があります）。

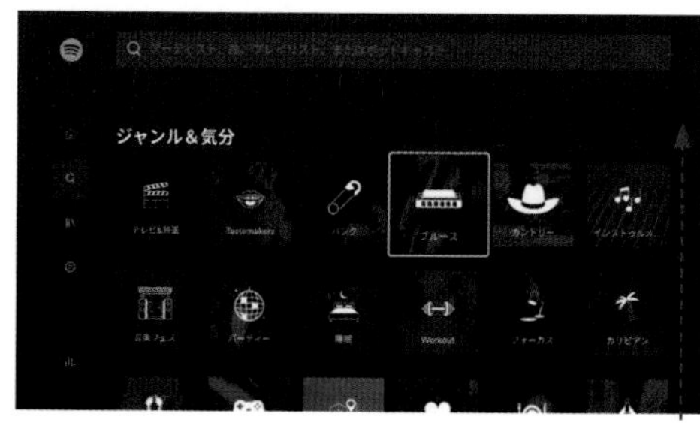

Spotify（Android TV）

GooglePlay（Android）

テキストの有無

最後が、テキストの有無による影響です。テキストは基本的に「左から右」に流れたのち「上から下」に進みます（アラビア語などは右から左ですが、やはり上から下に進みます）。テキストがあることによって、この「上から下」の影響が反映され、結果としてスクロールは下方向へと進みやすくなります。

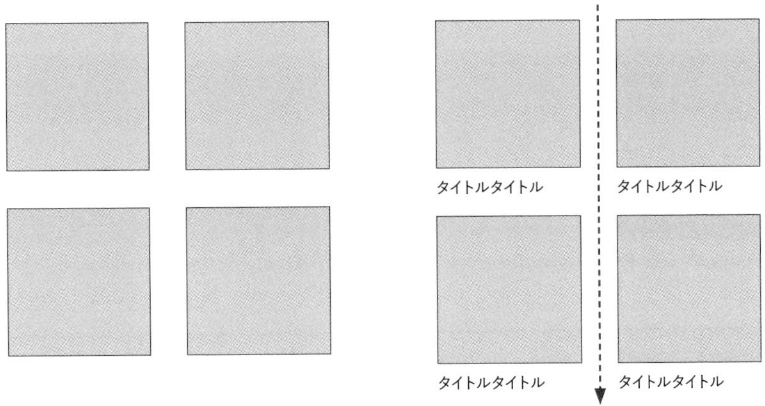

要素に添えるテキストは、タイトルだけの場合もあれば、さらに簡易的な説明が追加されている場合もあります。そしてテキストの量が増えれば増えるほど、スクロールが下方向へと向かおうとする力は大きくなります。これは、要素と要素の上下間の隙間が、これらのテキストによってより広がってしまうためでもあります。

もし、横スクロールを強調したいのであれば、要素に添えるテキストは減らしたほうが良いでしょう。逆に、縦スクロールを強めたいのであれば、テキストを添えるだけで下方向へのスクロールがさらに自然に感じられるようになります。

Google Arts & Culture（Android）

文字の流れ（方向性）は強い

文字は左から右、上から下へと流れる。コンテンツは文字の流れに従う。

情報は、左から右、上から下へと続いていきます。これは、我々が使う文字（日本語や英語）が「左から右」へと流れ、改行によって「上から下」へと続いていくからです。したがって、全て読み込んだ最後に実行するボタンは「下」に配置するのがふさわしいし、何らかの操作をしてそれが画面に反映されるのであれば、左の操作が右に反映し、上の操作が下に反映する、といった流れのほうが、より自然に感じられるでしょう。これは文字の流れに従うコンテンツとしての特性です。

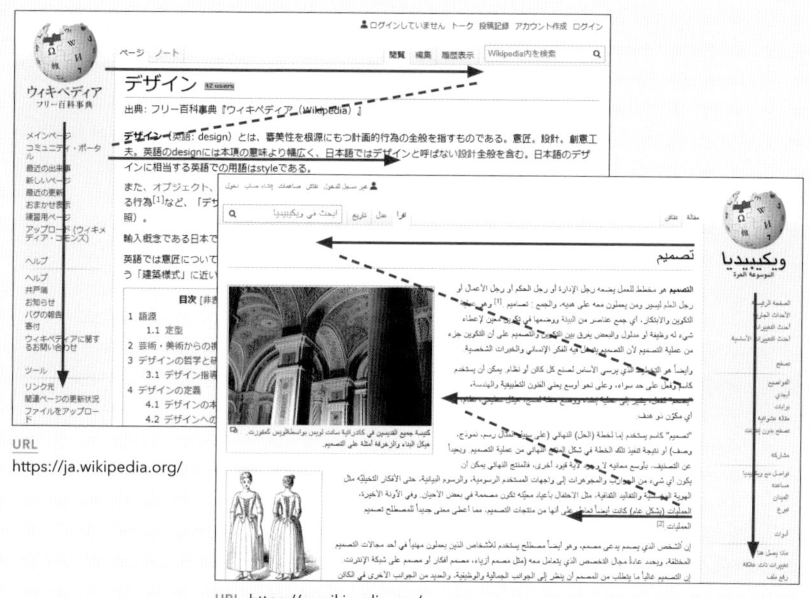

URL https://ja.wikipedia.org/

URL https://ar.wikipedia.org/

反例として、アラビア語では「右から左」へと文字が流れていくので、情報の順序やナビゲーションの位置・優先度が左右で逆転します。同じ項目でWikipediaのWebサイトを比較してみましょう。上が日本語表記で、下がアラビア語表記です。日本語や英語では文字が左から右に、末端に達すると上から下へと続くので、情報の流れもそれに従い、ナビゲーションは左側や上に位置しています。対して、アラビア語では文字が右から左に流れるので、ナビゲーションの位置も反転して右側になります。日本語ではナビゲーションの位置が左や上がふさわしいこと、また最終的に実行するボタンが右や下がふさわしいことは、この文字の流れる強制力に従って決まっています。

3.5

コントラストと偏重

敢えて意図的に、偏りをつけよう。

お店に入って、ぱっと店内を見たときに、最初に目にとまるものは何でしょう。大きいもの、明るいもの、何か他とは違っているもの。いろいろな観点があるでしょう。しかし、そこに注目したことは、利用者の意識からではなく、売り手側によって意図的に仕組まれたことかもしれません。どうしてそこに注目してしまったのか。あるいは、どうしてそこに注目するように仕組むことができたのか。その要因はコントラストにあります。

コントラストとは、あるものを他のものと比較したときに生じるギャップです。2つ以上のものがあるときに、われわれは意識することなく、それらを比較してしまいます。どれが大きいのか、どれが赤いのか、どれが最も価値がありそうなのか。見せ方の上手いデザインでは、意図的に偏りが付けられているものです。全てを均一にすることが見やすさにつながる一方で、大事なものに敢えて偏りを付けることにもまた、デザイン上の価値があります。

コントラスト（対比）

2つ以上の要素があるとき、それらに生じている認知の大きさの違いを「コントラスト（対比）」と言います。ユーザーの意識を誘導したり、要素同士に意図的な構造を作り出すための効果的な手段にもなります。

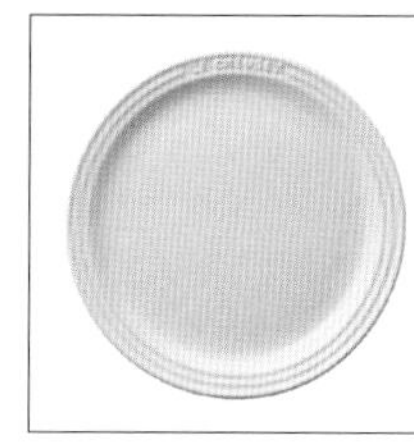

コントラストは様々な方法で作り出すことができます。大きなフォントと小さなフォント、太い線と細い線、大きな画像と小さな画像、無地の背景色とベタ色の背景色…。コントラストを付けることで、大事なものとそうでないもののメリハリを付けることができるようになります。上手く使うことで、分かりやすさと認知負荷の低減につなげることができます。

協力：ル・クルーゼ ジャポン株式会社（https://www.lecreuset.co.jp/）

全てを強めると全てが弱くなる

コントラストは相対的

人間が認知のために使えるリソースの総量には、実質的な限界があります。つまり、一度に意識できる量は無限ではなく、どこかに上限があるわけです。例えば、強く注意を喚起するものがひとつだけある場合と、それが同時に多数ある場合とでは、前者のほうがより強く注意が喚起されます。

あるものを強めたいのであれば、他のものを弱めなくてはなりません。コントラストを付けるというのは、別の言い方をすれば、視覚的な認知のバランスを取ること、とも言えるでしょう。

「もっと目立つようにしてほしい」という要望はよくある話ですが、ある対象を目立たせる（強くする）ということは、相対的に他の対象が目立たなくなる（弱くなる）ということです。

あれもこれもどれも目立たせたいとすると、逆に全てが目立たない、ということになりかねませんので、注意しましょう。

URL https://www.rakuten.ne.jp/gold/kyunan/（2014年頃）

敢えて偏りを付ける

大事なものを重くする

コントラストを付けるための1番目のポイントは、大事なものにだけ重みを付けることです。これは「シンプル（明快）にする」にも通じる考えですが、物事に軽重を付けて、重要なものとそうでないものを差別化することです。別の言い方をすれば「敢えて偏りを付ける」とも言えます。

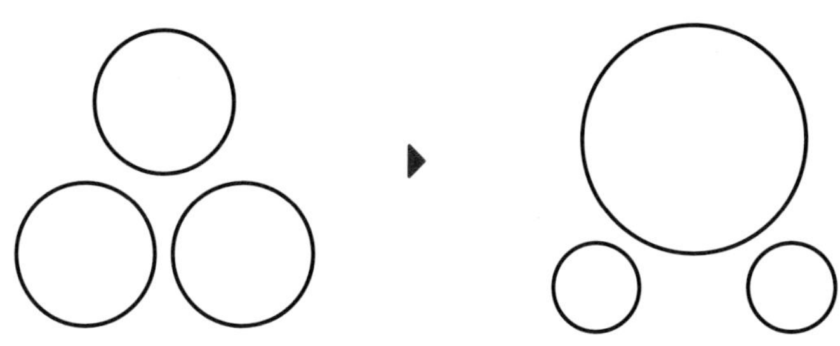

大事でないものは省いてみる

一般的に、売り手側（サービスの提供者）は、買い手側（サービスの利用者）に対して、できるだけ多くの情報を提供しようとします。主にマーケティング的な観点から、そのほうが売り手側にとって都合が良いことが多いからです。それに対して、画面に表示できる情報量や、ユーザーがコンテンツに注意を向けるために使える認知的なリソースには、限界があります。

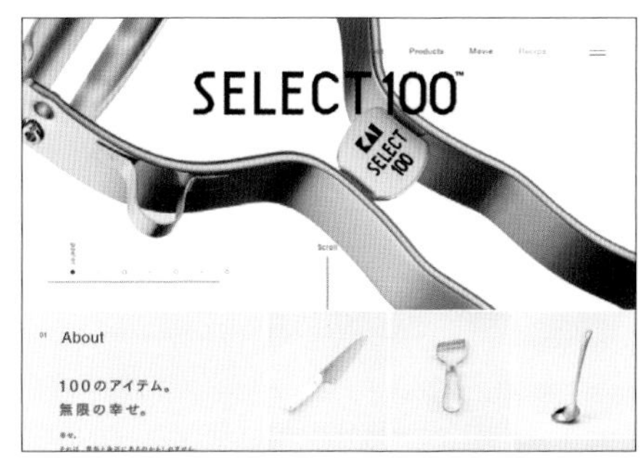

URL https://www.kai-group.com/products/brand/select100/

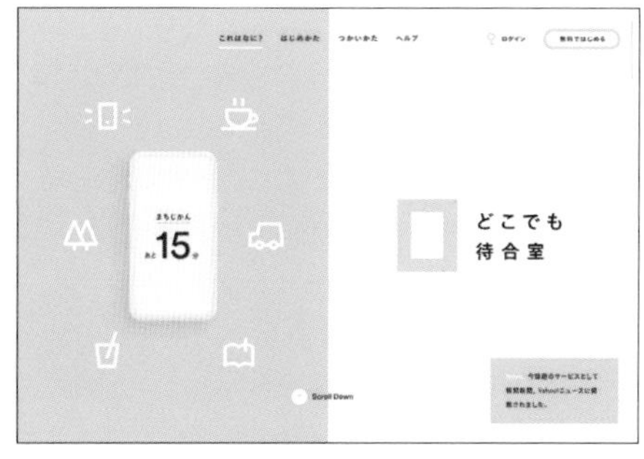

URL https://www.kai-group.com/products/brand/select100/

そこで、本当に重要なものを重くしてコントラストの効果を高めるには、不要なものを削除することが最も効果的です。これが2番目のポイントです。「大事なものは、重くする」「そうでないものは、省いてみる」。この2つを実現できるだけで、世の中の全てのサービスはぐっと分かりやすくなるはずです。

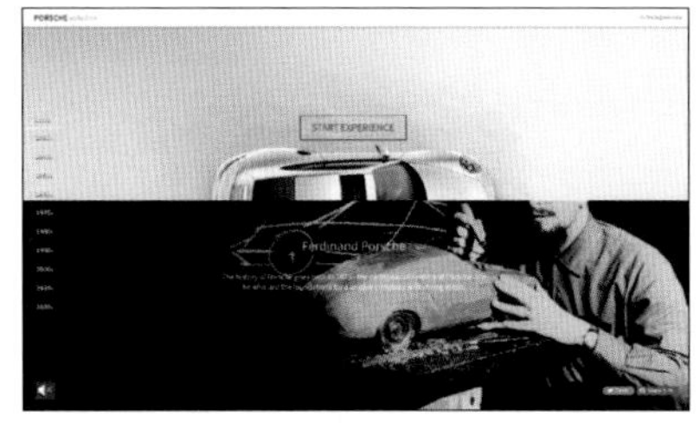

見せたい要点が絞られているのであれば、それにふさわしい見せ方を考えることができます。右のWebサイトでは、ポルシェ911の年代ごとの変遷に焦点をあてており、それを縦スクロールだけの操作に絞って、パララックスによる画像の切り替えによって表現しています。

URL http://porschevolution.com/

より少なくすることで、より多くのことをする

建築家でありハーマンミラー社のインダストリアル・デザイナーであるジョージ・ネルソンは、「doing much more with much less（より少なくすることで、より多くのことをする）*」という、現在でも通じる概念を提唱しました。不要なものを減らしていくことで、結果として、より多くのことができるようになるというこのスタンスは、UIデザインの目指している方向性にも通じるものがあります。

多くの操作を集約した「Androidのジェスチャーナビゲーション」が、本当に使いやすいかどうかはまだ疑問の余地があるところですが、各社はしのぎを削って、より少ない操作でより多くのことができるよう、常に工夫を凝らし続けています。

*『Design of the 20th Century(Icons)』（Charlotte Fiell、Peter Fiell著 / 2001年 / TASCHEN）より

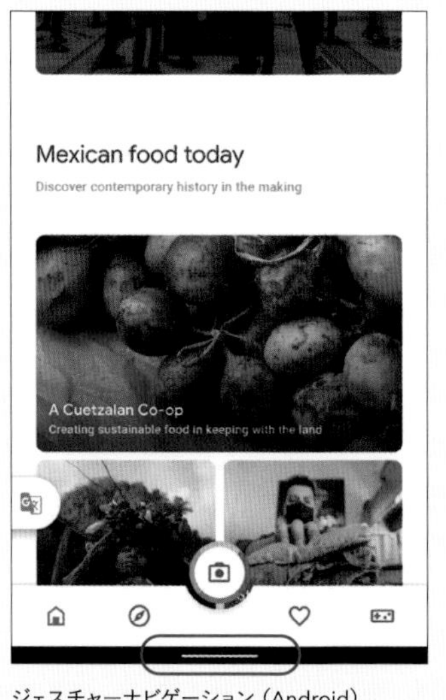

ジェスチャーナビゲーション（Android）

ボタンに重みを付ける

インターフェースにおけるボタンというものは、全てがフラット（等価）なものではなく、重要なものとそれほど重要ではないものが混在しています。ボタンにも優先度に従った重み付けが必要です。

URL https://app.box.com/

るには、アカウントサービスの設定にある「ログインとセキュリティ」ページで携帯電話番号を削除します。メッセージ料金やデータ料金がかかる場合があります。

携帯電話番号を追加する

後で

Amazonの利用規約とプライバシー規約に同意いただける場合はログインしてください。

URL https://www.amazon.co.jp/

優先度の高いボタンを強く認知してもらうためには、ボタンの配置（レイアウト）と装飾に配慮します。重要なボタンやトリガー（次のステップに進む引き金）となるボタンは画面の下や右に置き、多数並べるときには右側に重要なボタンを置きます。また、強く目立つ装飾は、重要度の高いボタンに用います。強い順に「色付きベタ塗り > 色付き枠囲い > 無彩色の枠囲い > 色付きテキストのみ > 無彩色テキストのみ」です。

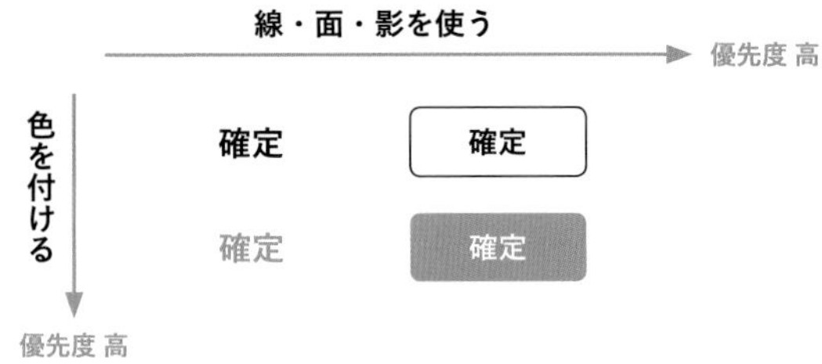

優先度が高いボタンが複数ある場合には、どうすればよいでしょうか。心情的には、複数の色を使ってボタンを装飾したいところですが、それはあまりおすすめできません。というは、少なくとも初見のユーザーにとって、細かく色分けされた優先度を見た目だけから判断することはできないからです。ボタンに有彩色が2つ並行して使われると、どちらがより優先度の高いボタンが判断しづらくなります。ボタンに使う有彩色は、できるだけひとつに抑えましょう。

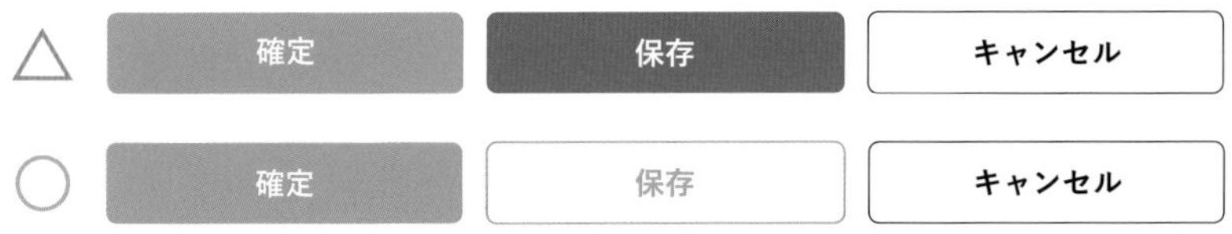

CHAPTER 4

構造と
ナビゲーション

4.1

構造と階層

縦・横・前後で考えよう。

現実世界の構造物は、全て、縦・横・高さの三次元から成り立っています。例えば、家を建てるときには、縦(奥行き)・横(幅)・高さから成る「三面図」によって、どのような家にするのかを設計します。そして、その三面図をもとにして実際に家を建てていきます。これは家だけでなく、家具などのプロダクトや工業製品であっても基本的に変わりません。

実は、Webサイトやアプリも同様に、三次元から成り立っています。ただし、縦・横・前後の三次元です。あくまで平面図(画面)をもとにページは作られていますが、それらは別のページとリンクし合い、前後関係を持つことになります。単独のページでは適切だったものも、前後との整合が取れなければ適切ではなくなります。平面という二次元の間取りから、前後関係を持った三次元の空間に変わる、立体的に思考することではじめて、サービスの本当の姿が明らかになります。

縦&横でひとつの画面、前後で複数の画面

画面をデザインするときには、そのページだけであれば、「縦」と「横」から成る2次元のレイアウトを考えれば済みます。しかし、これがWebサイトやアプリといったサービスのデザインとなると、それだけでは足りません。サービスはいくつもの画面から成り立っているため、それぞれの画面同士をつなぐ「前後」の関係性を加えて考える必要があります。

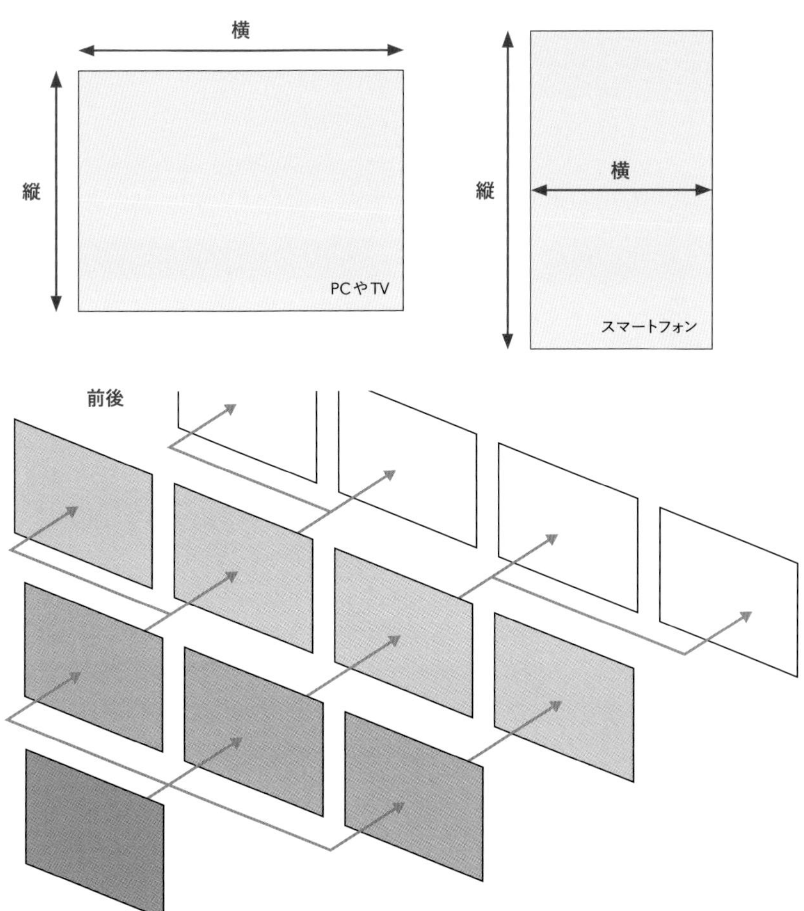

というのは、ひとつの画面のデザインとして問題がなかったとしても、それが複数つながったときでも同様に問題がないかどうかは、別の話だからです。サービスは「縦」と「横」に「前後」関係を加えた、3次元構造でデザインを考えます。前後関係を含めたデザイン全体の良し悪しが、サービスの構造としての品質を左右します。

構造とはサービス全体のデザイン

サービスの構造は、前後関係を含む階層をともなっています。それぞれのページが階層をもって連なっており、お互いに行き来する必要があるということが、ポスターなどのビジュアルだけのデザインとは異なるところです。構造をデザインすることは、サービスをデザインすることに直結します。

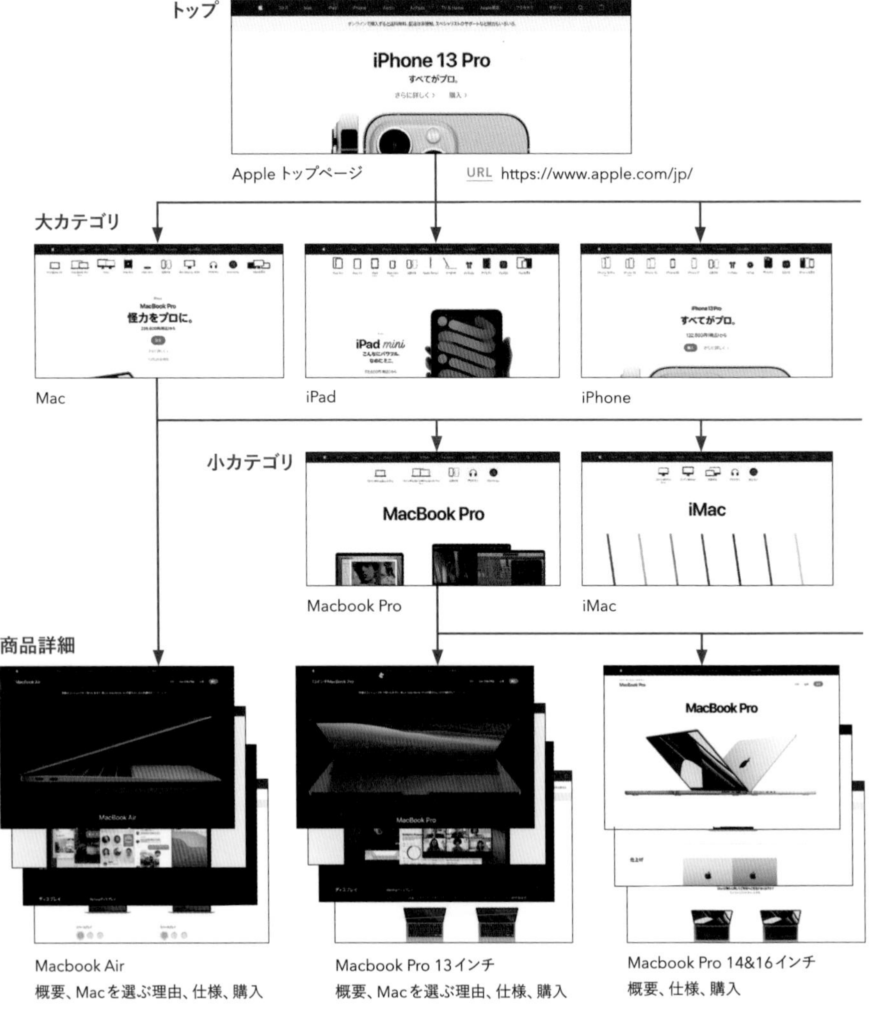

AppleのWebサイトは、シンプルながらも堅固な階層構造で構築されており、商品のアピールだけでなく、新商品の追加や、カテゴリの変更にも対応しやすい構造としてデザインされています。

ビジュアル（見た目）と比べて、構造は廃れにくい

Webサイトやアプリでは、見た目としての古さ・新しさは、時間とともにどうしても現れやすいものです。それは、見た目というものは、流行り廃りや、技術的な進歩、画面の大きさなどによって、影響を受けやすいためです。しかし一方で、構造はそれらの影響をあまり受けません。

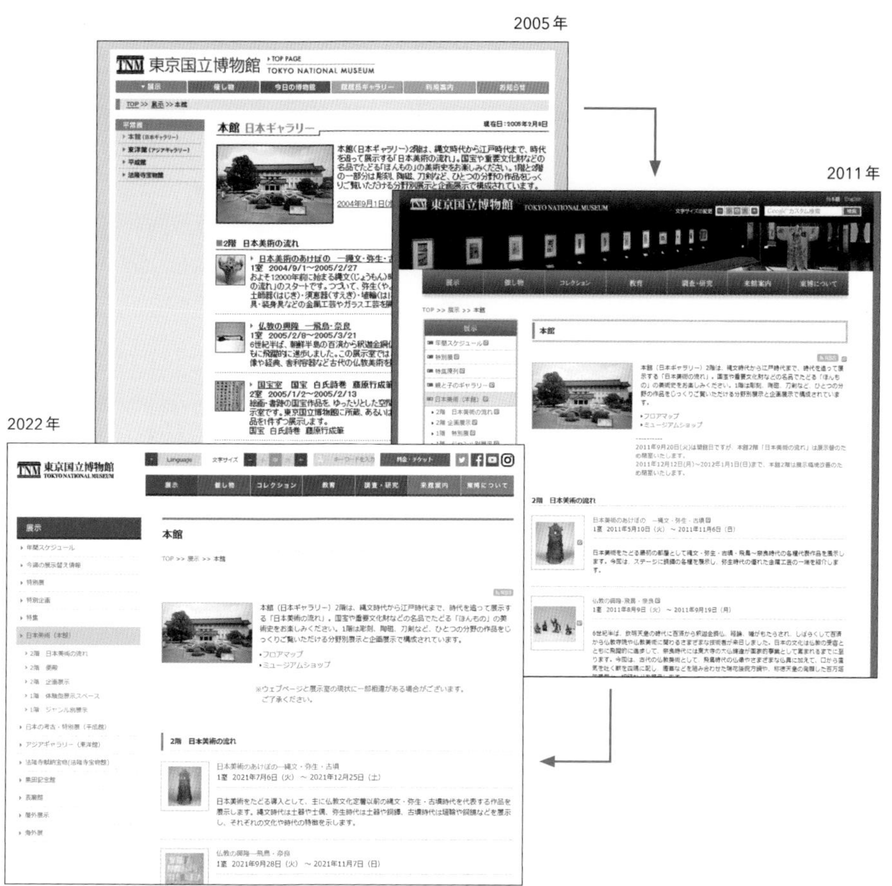

URL https://www.tnm.jp/modules/r_exhibition/index.php?controller=hall&hid=12

上記の例は、筆者が2004年に設計した「東京国立博物館」のWebサイトです。その後、何回かのリニューアルを経て、見た目としての変更が行われてきました。しかし、根本的な構造上の変更は、ほとんど行われていません。これは、サービスとして求められていることを構造として適切に落とし込むことができれば、経年の変化に耐え続けられることを示しています。

つまり、ビジュアル（見た目）と比較すると、構造は廃れにくいのです。大きな変更を加えるチャンスがあったときに、じっくりと構造の改善に取り掛かることは、長い目で見ると費用対効果の良い投資だと言えるでしょう。

前後関係を表現する

階層構造を持ったサービスをデザインするときに特に配慮すべきことは、移動したときの前後関係をどのように表現するか、ということです。しかも、できるだけ直感的に理解できるように。

ヘッダーやタイトルの見せ方で前後を表現

最も基本的な前後関係の表現は、ヘッダーやタイトルを使って、今いる場所と、今までいた場所、これから行く場所を、段階的に見せていくことです。

AppleのWebサイトでは、大カテゴリをヘッダーに置き、さらに選択するサブカテゴリをその下に並べ、商品詳細に至ったタイミングで、そのページのタイトルとして残し続けます。

商品詳細からはタイトルを固定とし、仕様や購入といったサブタイトルを右側に寄せて並べて、今いる場所の文字色を少し変えることで、並列関係を表現しています。

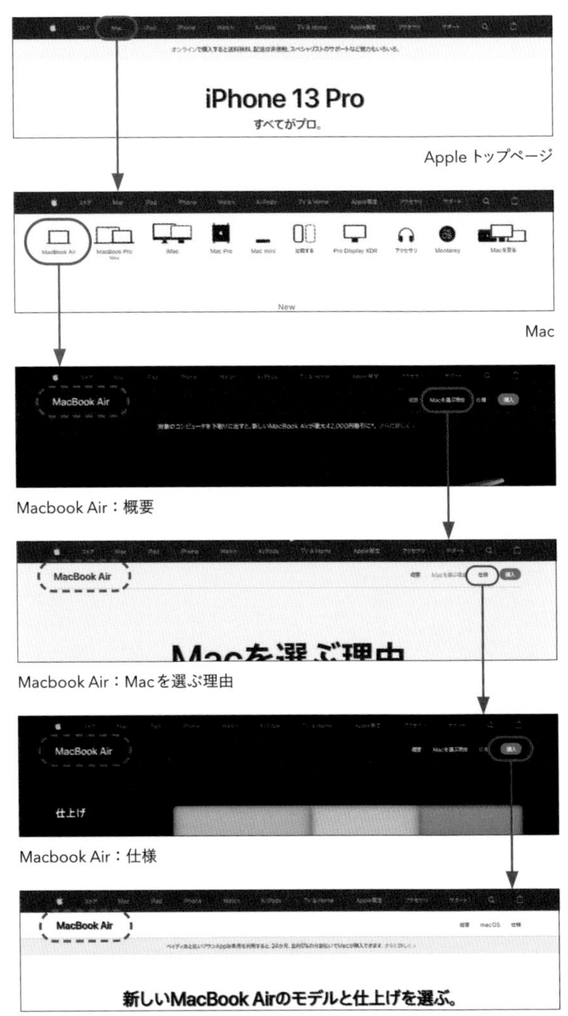

Apple トップページ

Mac

Macbook Air：概要

Macbook Air：Macを選ぶ理由

Macbook Air：仕様

Macbook Air：購入

タイトルと戻り先で前後を表現

iOS（iPhone）の設定画面では、選択したカテゴリが次のページのタイトルになり、それと同時に、戻り先のテキストラベルが先ほどいたページの名称そのものになることで、分かりやすい前後関係の表現を実現しています。

iOS設定

動きで前後を表現

移動するときに動き（アニメーション）を付けることでも、どこからどう移動したかを理解しやすくできます。iOS標準の「天気」アプリでは、一覧から詳細へ移動するときに、選択した詳細が画面いっぱいに拡大する動きが付いています。この動きによって、前後関係が直感的に理解しやすくなっています。

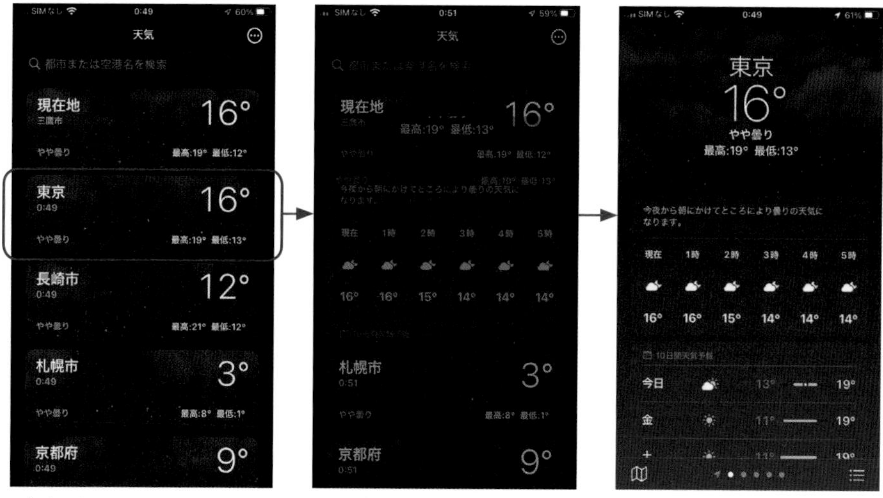

天気（iOS）

階層は「深く狭く」より「浅く広く」

階層を設計するときに、同じ量のコンテンツがあるとするならば、「深く狭く」設計するか「浅く広く」設計するか、どちらのほうが有利でしょうか。この答えは、基本的に「浅く広く」です。というのは、階層を横に並べるよりも、縦に並べるほうが、トータルでのインタラクションコスト（5-2参照）が大きくなってしまうからです。階層を縦に移動するために必要なコスト（労力）は、横に移動するためのコストよりも、基本的に大きくついてしまうためです。

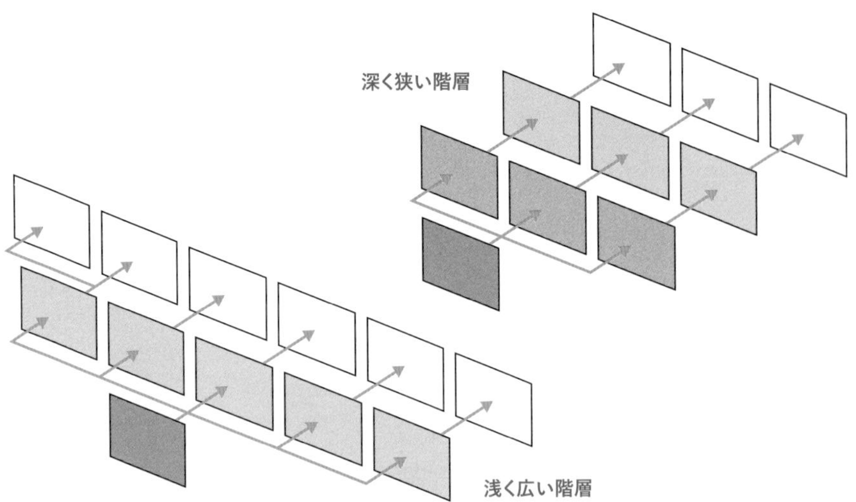

また、横に広げたカテゴリは画面をより多く専有してしまうというデメリットがあるものの、何が項目として存在しているのか広く見渡せるメリットがあります。それだけでなく、カテゴリの数を多く並べられるということは、カテゴリの名称をより具体的なものにできる、という点でも有利です。カテゴリの数が少なければ、どうしても包括的・抽象的な名称になりがちだからです。対して、階層を縦に並べる場合には、それら全てについて逆の理由が成り立ちます。

AppleのWebサイトでも、横のカテゴリは画面に入る範囲でできるだけ大きく広げて、縦の階層を浅くとろうという意図が感じられます。

URL https://www.apple.com/jp/mac/

URL https://kakaku.com/kaden/

「浅く広く」を強く体現しているサービスは「価格.com」です。価格.comでは、「液晶TV」や「掃除機」といった、商品を比較検討するための具体的ジャンルまでを、半ば無理やり、第3階層までに収めるよう設計しています。そのために、実に長大なジャンルメニューを画面左側に設置していますが、それでもデメリットよりメリットのほうが大きいでしょう。

スマートフォンでは、より見せ方に工夫が必要です。ebayでは、大きな大分類のみをイメージ付きで表現し、選択した大分類がアニメーションにより拡大・移動して、より下層のカテゴリを展開するようにしています。

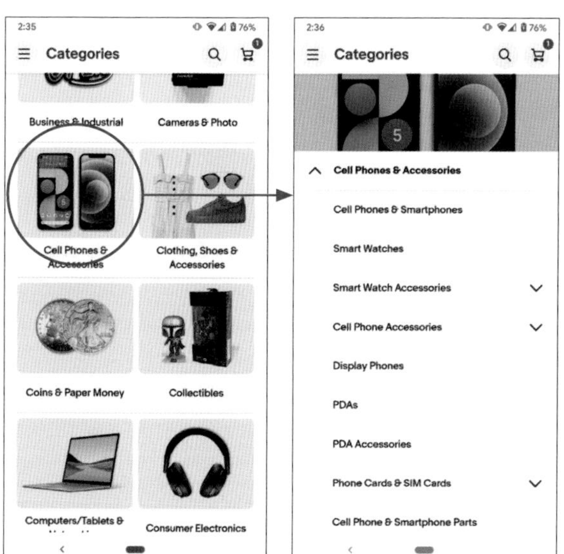

ebay（Android）

ラベリングは排他的に

ラベリングとは、カテゴリに名称を付けることです。適切なラベリングによって、ユーザーはそこに何があるのかをつかむことができます。ラベリングで重要なポイントは「排他的に」名前を付けることです。排他的とは、「A」に該当したら、他の「B」や「C」には該当しないことです。

StarbucksのWebサイトでは、そのときイチオシの飲み物が、トップページに大きく表示されます(この例ではトリート with トリックフラペチーノ)。この飲み物は、ヘッダーにある大分類「Cafe」と「Coffee & Goods」のどちらにあるのでしょうか。一般的にCafeとCoffeeの違いは分かりづらく、どちらにも該当しそうであり、排他的とは言えません。項目数を少なくしたことで、見た目としてはスッキリとまとまっていますが、ラベリングとしては微妙なところです。

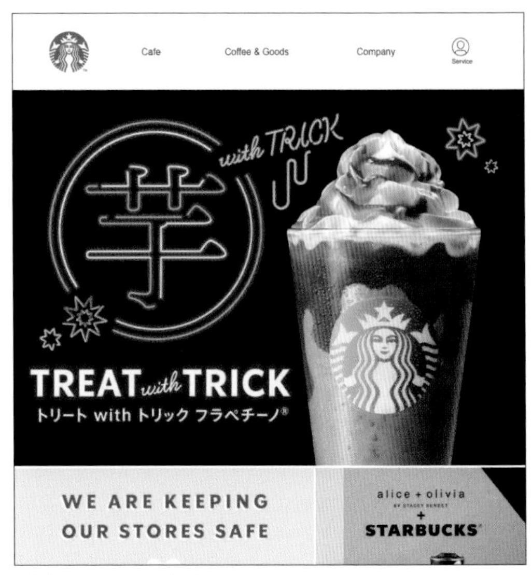

URL https://www.starbucks.co.jp/

ラベルは抽象的ではなく具体的に

何を指し示しているのか不明確な「サービス」といった抽象的な名前や、「・」や「&」で複数の単語をつなげた包括的な名前は、ラベルとしてはふさわしくありません。可能な限り、ラベルには具体的な名前を付けるようにします。

URL https://www.accenture.com/jp-ja

URL https://www.adobe.com/

具体的でないラベルのフォローアップ

どうしても抽象的あるいは包括的なラベルにせざるを得ないときは、そのラベルが何を意味しているか分かる、何らかのフォローアップがあると良いでしょう。先のStarbucksやAdobeでは、ラベルをクリックすると、その具体的な中身がドロップダウンメニューとして見えるようになっています。

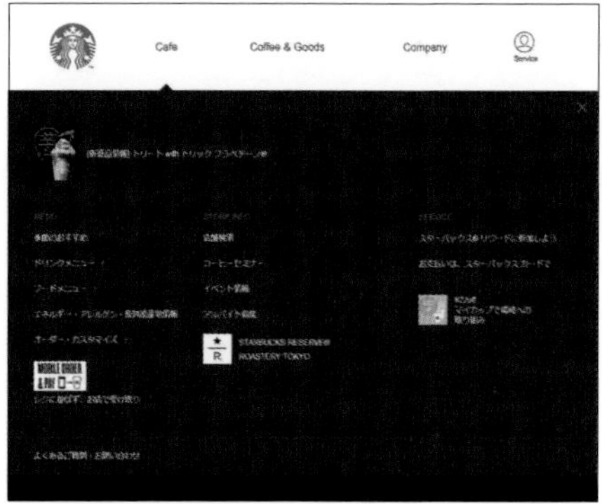

URL https://www.starbucks.co.jp/

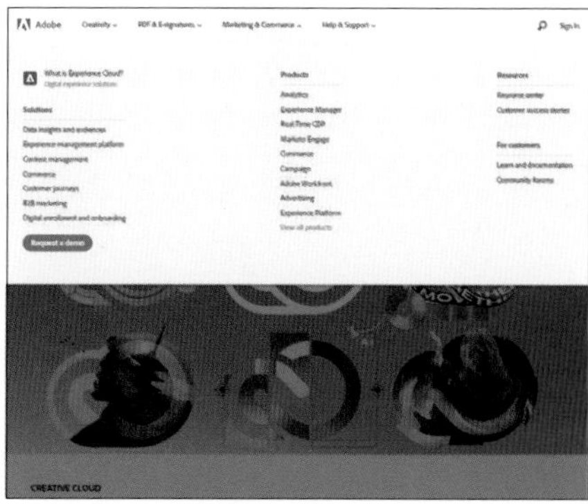

URL https://www.adobe.com/

「その他」カテゴリとスライドメニュー

タブ型インターフェースを持つアプリでは、カテゴリをあまり多く増やすことができません。よくある逃げ方で「…」といった、その他全てを包括するようなラベルがありますが、「…」はいろいろな意味で使われるため、決して良い方法ではないでしょう。一方、左スライドメニューの場合は、縦に項目を積み増すことができるので、良いラベルを付けやすいという側面があります。

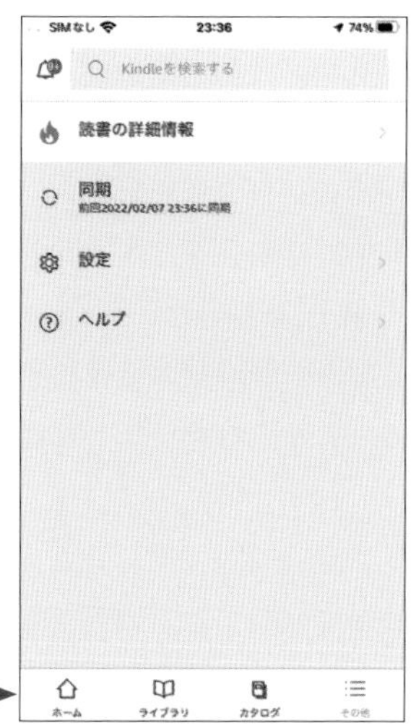

Kindle（iOS/iPhone）

日経電子版（iOS/iPhone）

4.2

トップ、一覧、詳細

大体みんな、この形からできている。

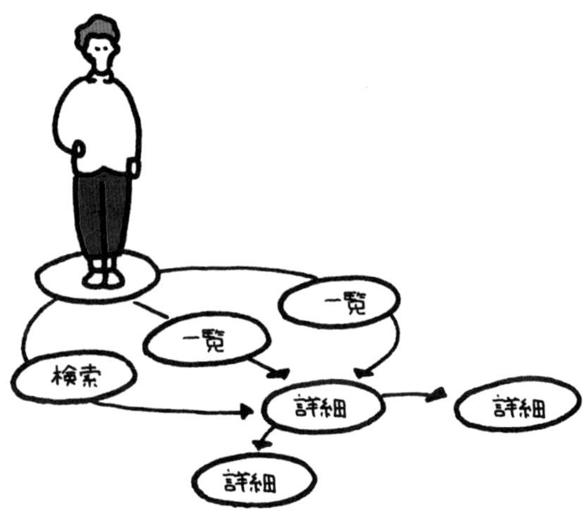

世の中にはいろいろなサービスがありますが、その構造に類似点はないのでしょうか。家であれば、屋根があり、玄関があり、リビングがあり、部屋があり、といった具合に、新しいものでも幾分古いものでも、構造的な類似点を見付けることができます。そのような大きな視点から眺めれば、大部分のサービスは、「トップ」「一覧」「詳細」という、大雑把なくくりから成り立っていることに気が付くでしょう。サービス全体のデザインをするときに、まずは大局的な視点に立って、ありふれた「いつもの構造」で見ると、考えを整理しやすいものです。

ここで挙げている「トップ」「一覧」「詳細」という概念は、デバイスが変わっても、サービスの規模が変わっても、流用が効く普遍的なものです。もし近い将来に、全く新しいデバイスや技術が生み出されたとしても、考え方そのものは、どこかの部分できっと役立つに違いありません。

最もありふれた構造

Webサイトやアプリでは、ありふれたお決まりの構造があります。それが「トップ」「一覧」「詳細」です。この構造に落とし込むことで、だいたいのサービスを破綻することなく、まとめ上げることができます。

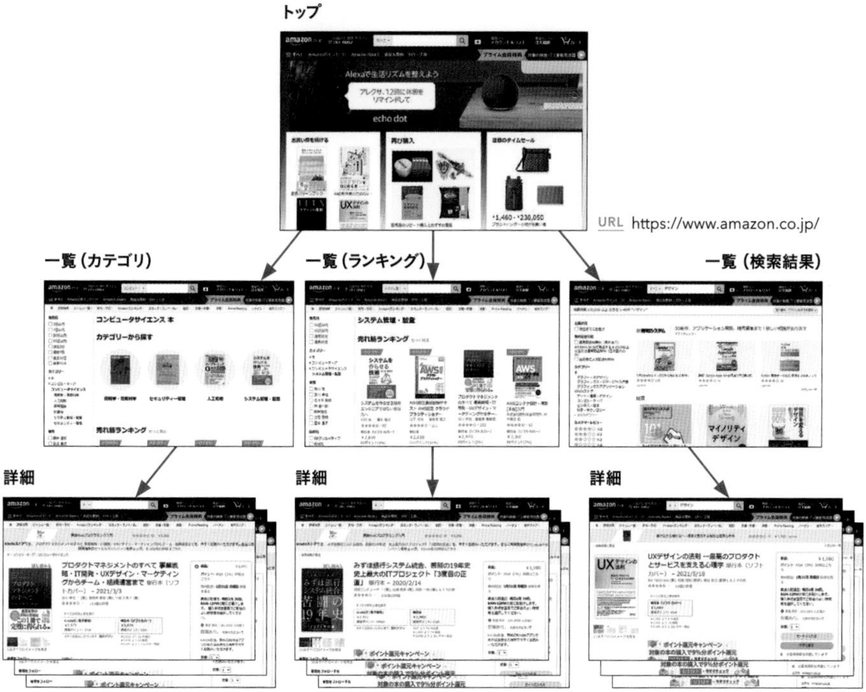

トップ

URL https://www.amazon.co.jp/

一覧（カテゴリ）　一覧（ランキング）　一覧（検索結果）

詳細　詳細　詳細

上の例はPCにおけるWebサイト、右の例はスマートフォンの「アプリ」の場合です。どちらも場合でも、構造的には大差がないことが伺えます。

Apple Music（iOS）

トップ：サービスの顔

トップページとは、そのサービスの利用にあたって最初に訪れる場所で、言わばサービスの顔です。ここを起点にして、そのときに想定した目的地に向けて、次のステップへと進みます。

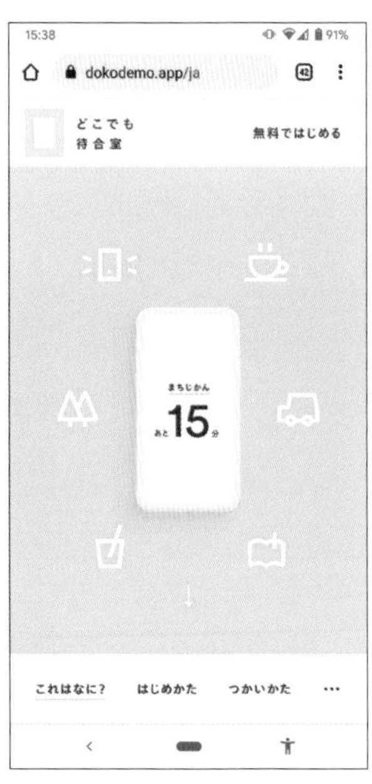

URL https://dokodemo.app/ja

URL https://cogycogy.com/

一覧：サービスの骨格

一覧ページは、目的地までの中継ぎページですが、数多くある目的地候補を、比較できるように並べ、あるいは予想外の提案をする、サービス全体の「骨格」を示す重要な役割を担います。一覧がしっかりしていないサービスは使いにくいものです。

Google Arts & Culture（Android）

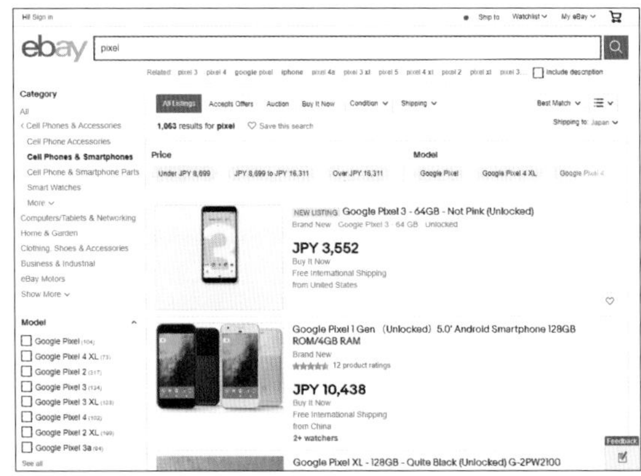

URL https://www.ebay.com/

詳細：サービスの（当面の）ゴール

そして、詳細ページが、サービスに訪れたユーザーが想定していた目的地です。とはいえ、多くのユーザーはそこまで明確な目的をもってサービスを利用しているわけではなく、何か面白いものはないか、意外なものはないかと、すぐ次へと気移りしていきます。

YouTube（Android TV）

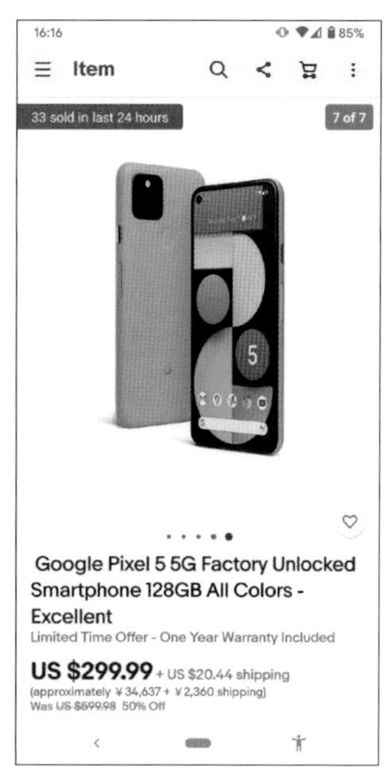

ebay（Android）

その他の形

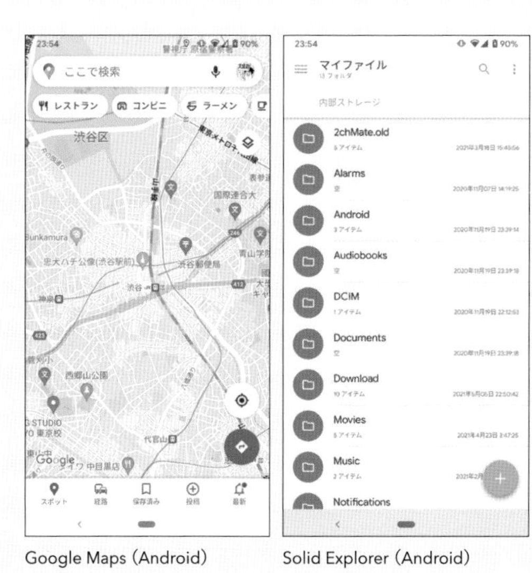

Google Maps（Android）　Solid Explorer（Android）

「トップ」「一覧」「詳細」は最もよく見られる普遍的な構造ですが、全てのサービスがその形を取るわけではありません。地図、ゲーム、ツールなど、ある役割に特化したサービスでは、それぞれ全く違った構造をとります。

規模によって構造は変わる

最初は小規模に始まったサービスも、運用を続け、展開を広げていくうちに、構造は変わっていきます。最初から全ての器を用意するのではなく、規模に合った構造から始めていきましょう。

トップ

URL https://www.axseed-arc.jp/

規模1：トップで全てをカバー

最も小規模なサービスでは、トップページの縦スクロールだけで全てのコンテンツをカバーできます。多少、画面が長くなっても問題ありません。縦スクロールのみの構造なのでスマートフォンでの表示にも向いており、大きなビジュアルや、パララックスによる演出表現とも親和性が高いです。中小企業のWebサイトや、単品の製品紹介などでよく使われる構造です。

規模2：詳細だけ別ページ

やや規模が大きくなると、個々のコンテンツの詳細を紹介するために、個別に切り出したほうが良くなります。下の例は、トップページと複数の詳細ページだけで全体が構成された構造です。

トップ　詳細

URL https://www.balconia.co.jp/　協力：balconia Company（AMBL株式会社）

規模3：カテゴリごとに一覧を用意

詳細ページの数が増えてくると、個々のカテゴリごとに一覧ページを用意したほうが良くなります。一覧ページが存在することで、各カテゴリで何をカバーしているのか分かりやすくなり、詳細ページの比較・検討もしやすくなります

トップ　一覧　詳細

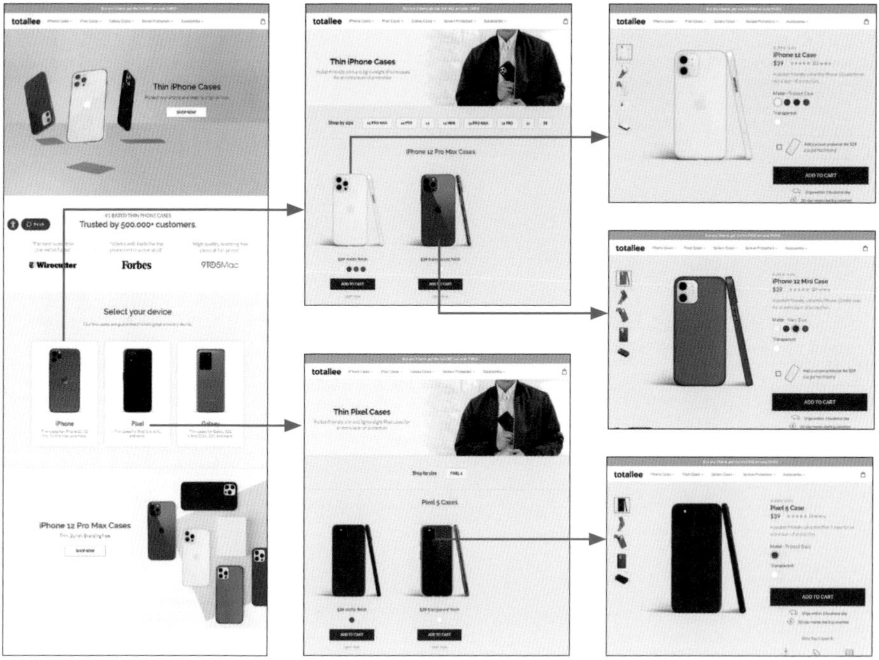

URL https://www.totalleecase.com/

規模4：検索機能を設置

規模が大きくなったら、検索機能を設置します。検索が必要な状況とは、個々にページを見ていくだけでは非効率なほどサービスが大きくなったことを意味します。この規模まで来ると、小さめなECサイトであれ、誰でも知っているAmazonであれ、根本的な構造としては同じ土俵に立つことになります。

トップ

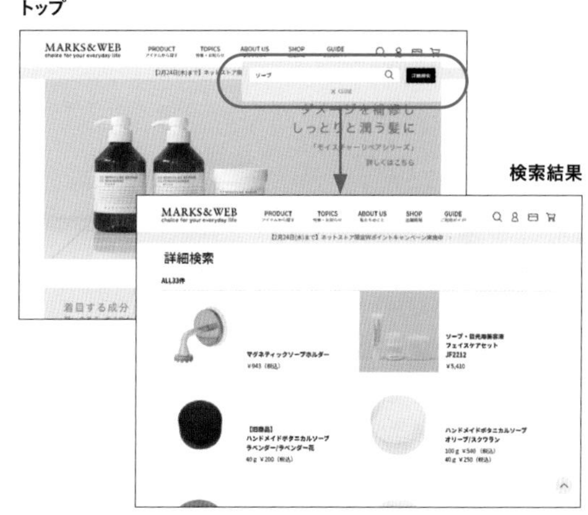

URL https://www.marksandweb.com/

トップ：サービスの顔

トップページは、そこがいったいどういう場所なのか、また何をウリにしているかといった、サービスの特徴が一目で分かるような、言わば「サービスの顔」としての役割を担っています。顔を見れば人となりが分かるように、トップを見ればサービスの役割と目的が分かります。

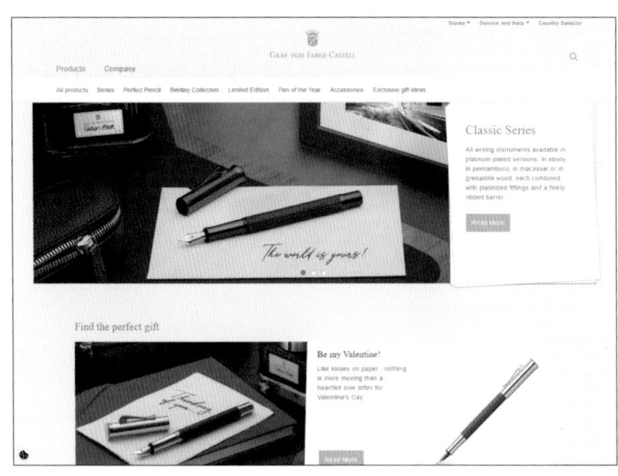

URL https://www.graf-von-faber-castell.com/

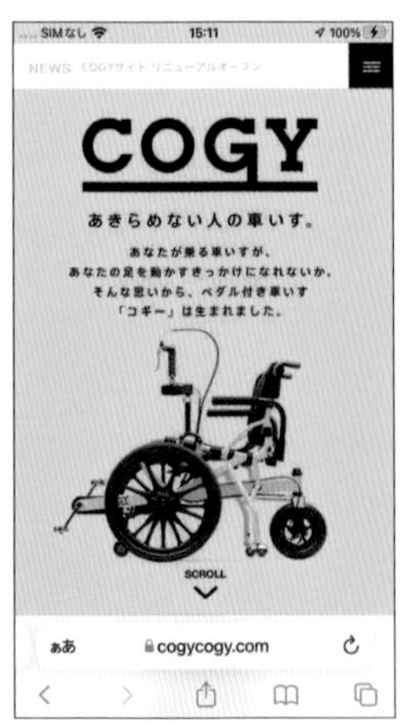

URL https://cogycogy.com/

最もポピュラーなトップページの例は、画面の大部分を覆うほどの大きなビジュアルをレイアウトした、いわゆる「ヒーローイメージ」によるものでしょう。視覚的なインパクトによって、ユーザーにサービスの印象を決定付けます。

また、更新情報、お知らせ、新商品、時事的なコンテンツ、特別な告知事項といった、そのサービスにおいて特に「旬な情報」も、トップページは載せるにふさわしい場所です。

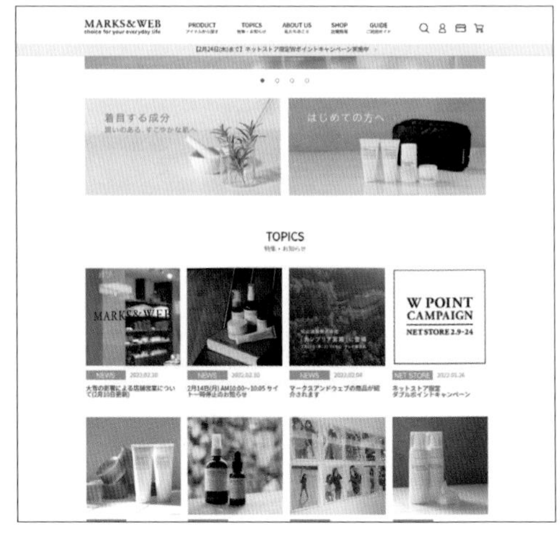

URL https://www.marksandweb.com/

いわゆる「トップ」は必ずしも必須ではない

とはいえ、トップページには大きなビジュアルが必ず必要というわけではありません。むしろ、規模の大きいサービスや、多数のユーザーから利用されているサービスほど、視覚的なインパクトやイメージを重視せず、機能性を重視した方向性に振っています。

YouTube（Android TV）

Instagram（Android）

YouTube や Instagram では一般的なトップページは存在せずに、詳細ページへの導線である一覧ページだけが展開され続けます。どちらのサービスも、一覧ページと詳細ページだけでサービスのほぼ全てが構成されています。

URL https://www.netflix.com/

Netflixのトップページは、ひとつの動画の再生（放っておくと勝手に再生が始まる）と、「定番」や「人気急上昇」などといった種々の切り口ごとに、カルーセルの一覧としてひたすら縦に積み増した構成となっています。

手っ取り早く何かの動画を楽しみたい！というユーザーにとっては、とても適した構成とも言えます。

一覧：サービスの要

一覧ページは、詳細ページへの橋渡し役です。個人的には、サービス全体を設計するにあたって、まず最初に（検索結果を含めた）一覧ページからデザインを始めることが多いです。というのは、結局のところ詳細ページへ移動させるためには、どうやって一覧を使いやすいものにするか、というところに大きく拠ってしまうからです。サービスによっては、トップページが一覧そのもので構成されている場合もあります。一覧がしっかりしているサービスは使いやすく、価値があります。

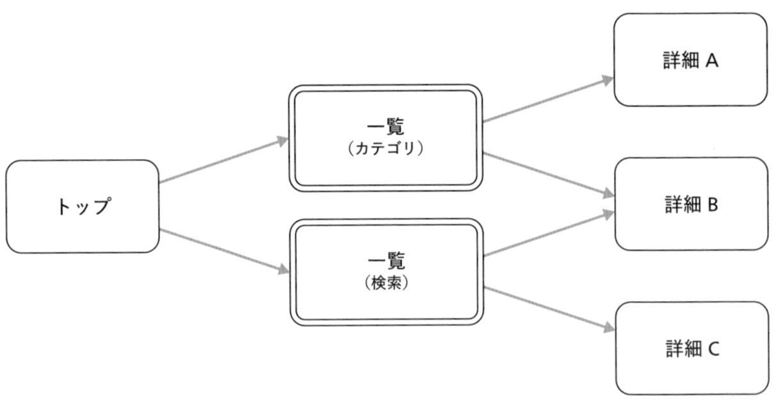

サービスの実体を表現できる

名前でピンとこないカテゴリでも、その先の一覧を見れば一目瞭然です。右の例はAmazonのカテゴリですが、名称として「おもちゃ」と「ホビー」の違いは曖昧です。そのサービスにおいて、どういう意図で分類しているかを知るためには、実際にそのカテゴリ内の一覧を眺めるのが一番です（なお、「おもちゃ」は子供向け、「ホビー」は趣味的なグッズ、といった分類基準です）。

Amazon ショッピング（Android）

並べることで比較・検討できる

見た目、価格、性能などを並べることで、いろいろな観点から、それぞれの対象を比較することができます。複数を比較することで、本当に探していたもの、最もふさわしいものを検討できます。一覧ページの中心的な役割はここにあります。

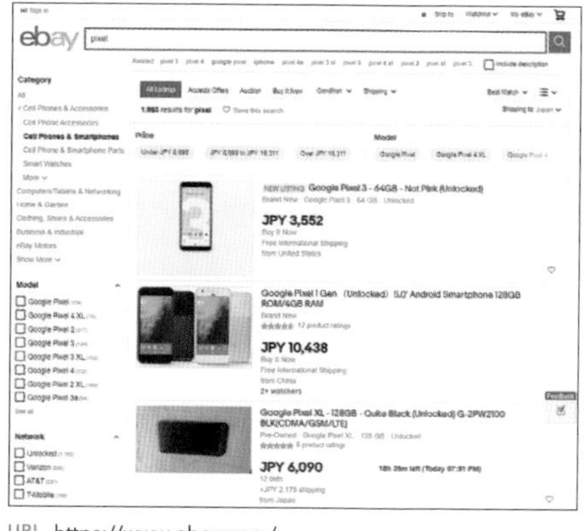

URL https://www.ebay.com/

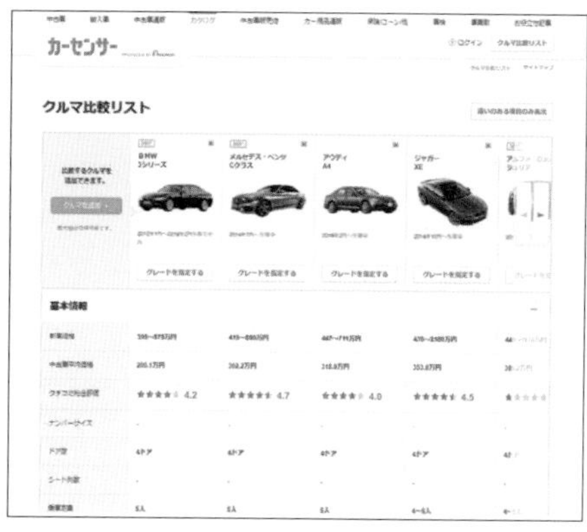

URL https://www.carsensor.net/

予期せぬ発見を促せる

一覧ページでは、並べ方、見せ方、使い方によっては、（良い意味で）想定していなかったものや意外な方向性のものを、ユーザーに提示できます。ここに来たら何かあるかも、というユーザーの潜在的な欲求に応えることができます。

URL https://tabroom.jp/chair/

Google Arts & Culture（Android）

検索も「一覧」である

あまりはっきりとは意識されませんが、詳細ページへのリンクを数多く並べているという点で、検索結果ページと一覧ページは本質的に同等です。目的地である詳細ページへたどり着くためには、検索結果を含めた、何らかの一覧ページを経由することがほとんどです。

検索結果

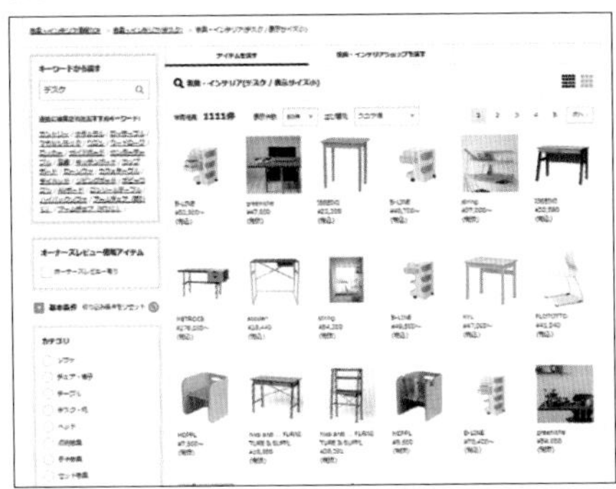

URL https://tabroom.jp/fw_デスク/

カテゴリ一覧

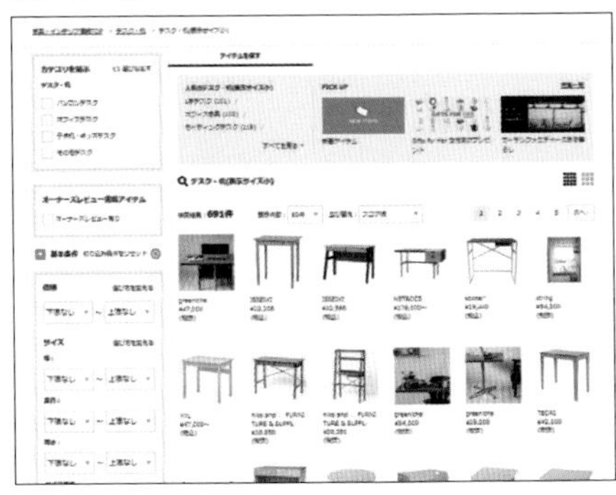

URL https://tabroom.jp/desk/

検索結果

カテゴリ一覧

日経電子版（Android）

上や左の例を見れば、検索結果とカテゴリ一覧が、ほとんど同じ構造であることが分かります。したがって、カテゴリの一覧ページをデザインするときには、検索結果ページのデザインも一緒に検討するとさらに良いでしょう。

「割り込み」で他の切り口を見せる

検索結果に、同じキーワードで別の切り口による検索結果を併せて見せたいときには、「割り込み」を使うと効果的です。一般的に検索結果ページでは、どれだけ多数の結果がヒットしても大丈夫なように、縦スクロール（上から下）として表示されます。その途中、あるいは冒頭に、別の切り口の検索結果を割り込ませます。

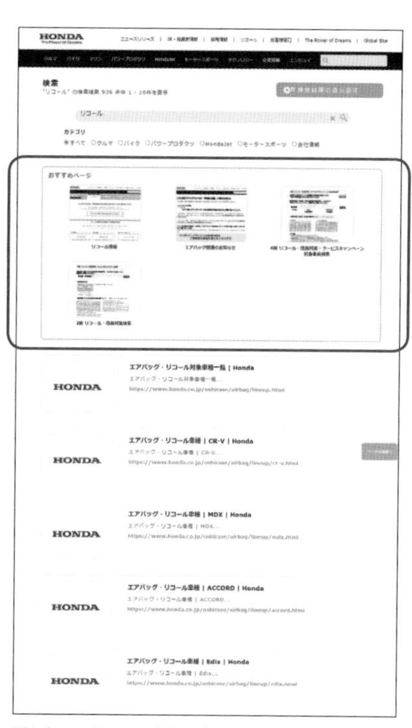

URL https://nvsearch.honda.co.jp/search/search.x?q=リコール

重要な割り込みであれば、検索結果の冒頭近くに表示するのが良いでしょう。また、PCであれスマートフォンであれ他のデバイスであれ、検索結果が縦スクロールであるならば、割り込みは横スクロール（カルーセル）として挿入したほうが、さらに良いでしょう。割り込まれる件数によらず縦幅が増えないことと、縦のスクロールに対する横の割り込みという、分かりやすい見せ方でレイアウトできるためです。

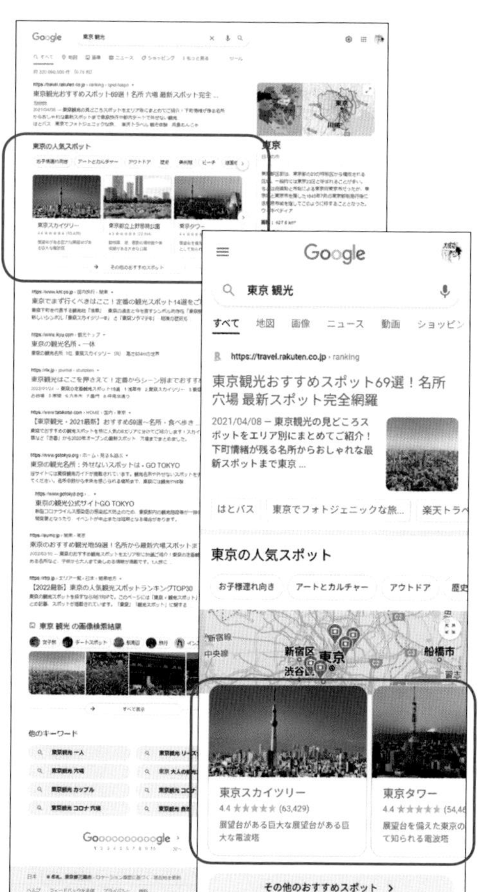

URL https://www.google.com/search?q=東京＋観光

一覧の操作は「並べ替え・絞り込み・切り替え」

一覧ページが、サービスの使い勝手に重要な役割を果たしていることは間違いありませんが、そこでユーザーができることは実はそう多くはありません。一覧ページでユーザーができることは基本的に3種類だけであり、それは「絞り込み・並べ替え・切り替え」です。

絞り込み（フィルター）

絞り込みは、価格帯やオプションの有無などから、対象の数を絞り込む機能です。数百、数万など対象の数が大きい一覧では、「絞り込み」がないと探しているものに近づくことができません。実は、分野を絞り込むという意味から、「カテゴリ」も絞り込みの一種です。

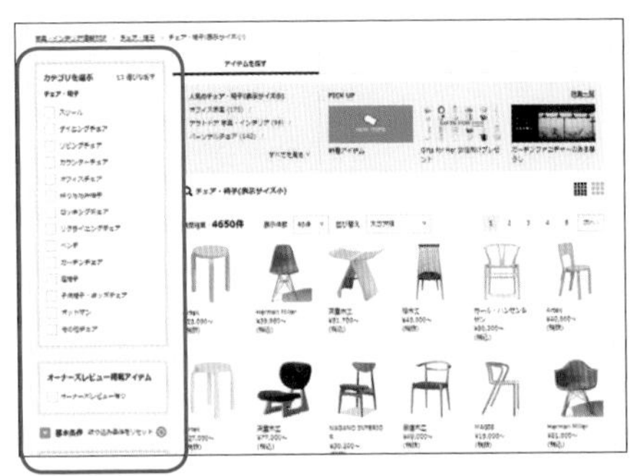

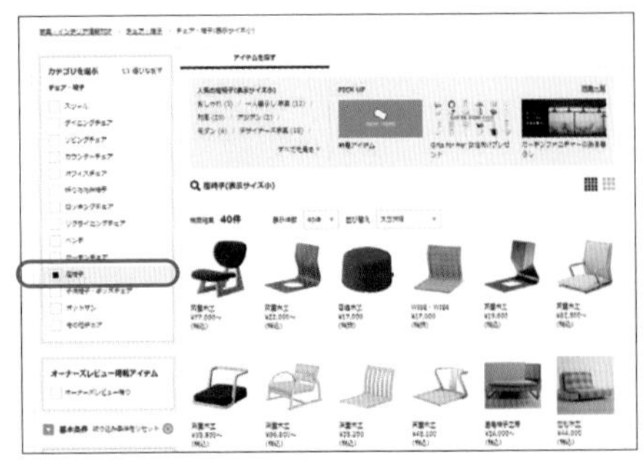

URL https://tabroom.jp/chair/

並べ替え（ソート）

並べ替えは、価格順や人気順など、全体をある属性を軸にして並べ替える機能です。特に、評価順や人気順などは、ユーザーがそれまで知らなかったものや新しい観点に気づくための、有力な手がかりになります。

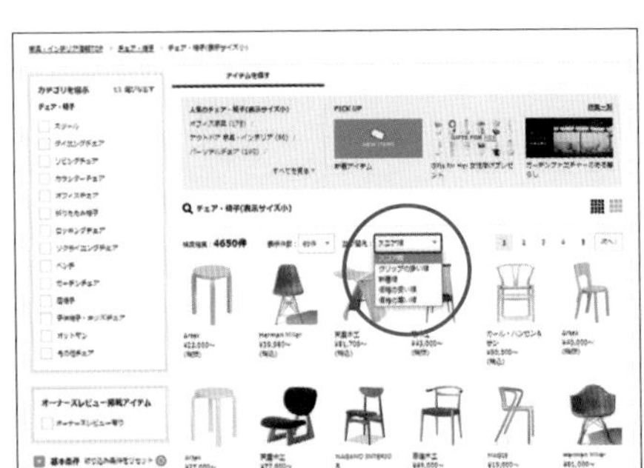

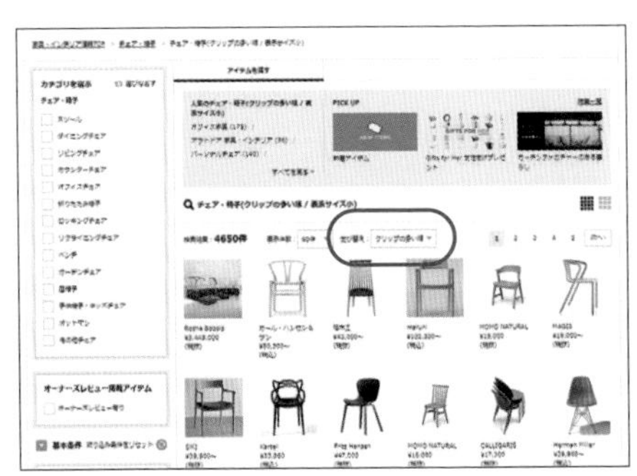

URL https://tabroom.jp/chair/

切り替え（スイッチ）

切り替えは、見せ方を変更する機能です。「ブロック表示」と「リスト表示」を切り替えたり、ブロックの大きさを「大」と「小」で切り替えたりします。この機能をユーザーが使うことで、見た目や属性値（価格など）を、複数の対象同士で目視で比較することができます。

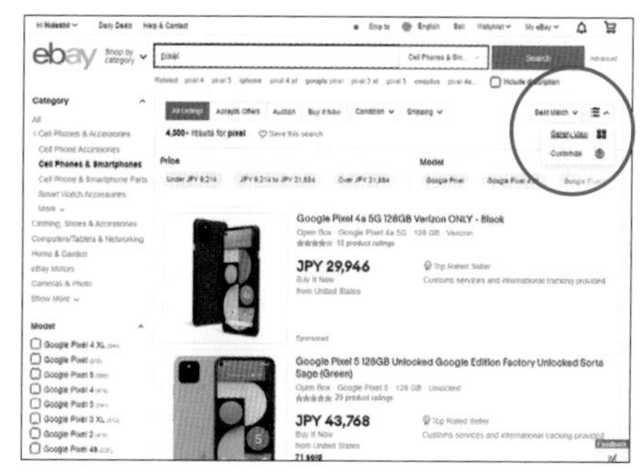

URL https://www.ebay.com/

スマートフォンでは実現が難しいことも

スマートフォンでは画面が小さいので、どうしても「絞り込み・並べ替え・切り替え」の実現が厳しくなります。左右のスライドを活用し、さらに2段階のスライドとして実装するなど、それなりの工夫と配慮が必要となるでしょう。

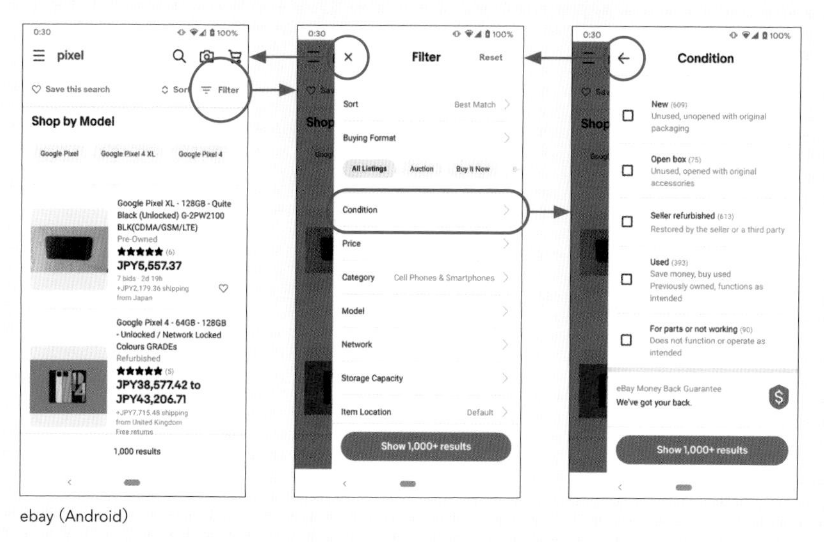

ebay (Android)

詳細：サービスの（当面の）ゴール

「詳細」ページは、ほとんどのユーザーが意志をもってやってきた目的地、終着地点（ゴール）です。見た目やレイアウトに違いはあれど、下の例は全て、トップから直接あるいは検索結果を含む一覧ページを経由してやってきた詳細ページです。

商品・製品

URL https://www.amazon.co.jp/

記事・読み物

URL https://www.nikkei.com/

動画・音楽

YouTube（Android）

写真・画像

Instagram（Android）

各種情報

Yahoo!乗換案内（Android）

関連する情報を提示しよう

詳細ページにやって来れば、ユーザーは当面の目的を達したことになりますが、そこで終わりというわけではありません。そこを手がかりに次の情報を探したり、あるいは、まだ自分でも気づいていない潜在的な欲求に気が付くかもしれません。そのため詳細では「関連する情報を載せる」ということが重要になります。

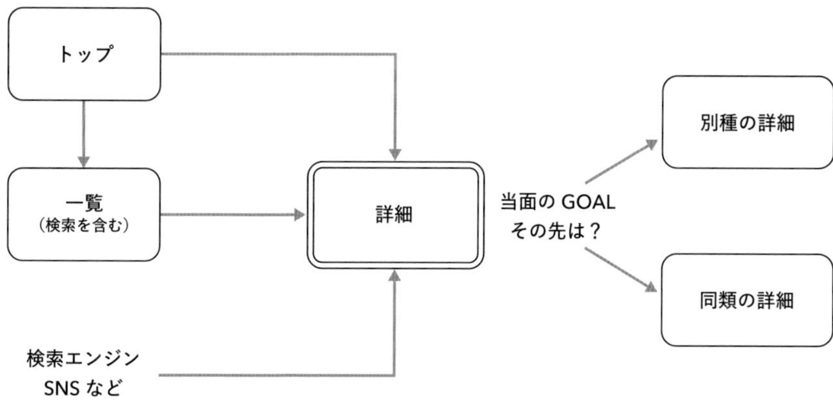

関連する情報は、大きく分けて2種類あります。ひとつは、ある商品に対する同じ種類の他商品といった「同種の情報」。もうひとつは、全く異なる「別種の情報」です。ここで言う別種の情報とは、例えば、ある「商品」に付随する「ソフトウェア（ドライバなど）」や「ドキュメント（取扱説明書など）」といった、大きな分類では別のカテゴリに属する情報です。

個々の「詳細」ページは、サービスのそれぞれの末端に位置するので、もしお互いに行き来できる連絡通路がなければ、根元（トップ）まで逆上ってまた下り直すことになるため、かなり不便です。それぞれ異なる詳細ページ同士が、お互い密に連携し合えば、より使いやすいサービスになります。

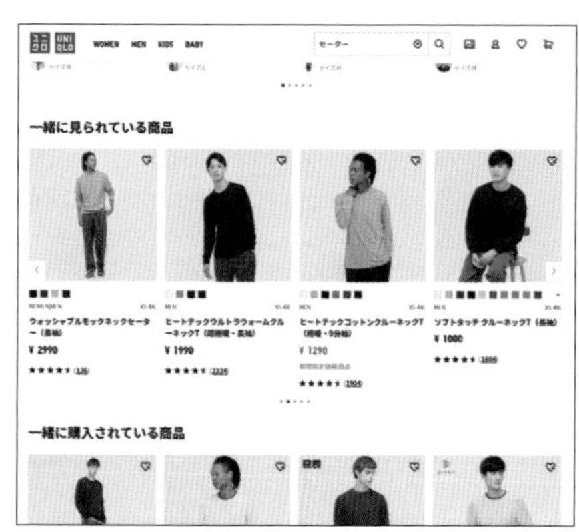

URL https://www.uniqlo.com/jp/ja/

URL https://www.apple.com/jp/ipad-air/

詳細：次の道を示し、回遊できるようにする

「詳細」ページでは、その情報そのものにも当然価値はあるのですが、さらにもうひとつ、同種類の別の情報（同じカテゴリに属する別の情報）を載せることで「比較と発見を促す」という、別の価値を提供することができます。これによってさらに回遊性が高まり、サービス全体の価値も底上げされます。

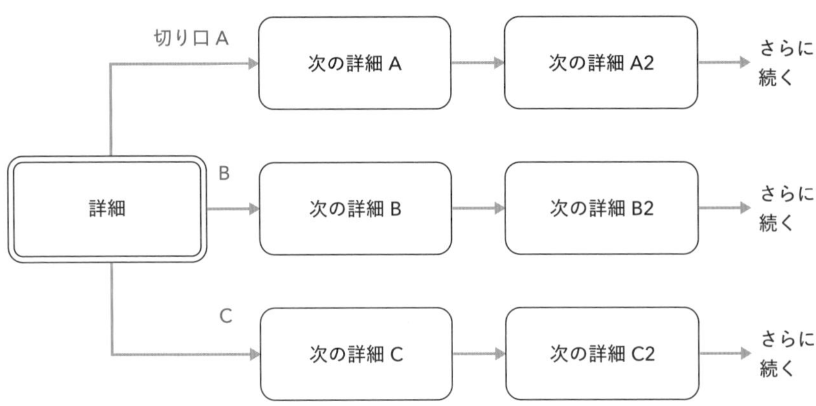

関連する次の動画をすぐに見せる

YouTube や Netflix といった動画サービスでは、動画の再生が終わると、すぐに関連する次の動画を再生しようとします（放っておくと際限なく動画の再生が続く）。それ以外にも、再生を避けようとしても関連する他の動画を近くに多数列挙しており、良くも悪くも、サービスを回遊し続ける構造になっています。

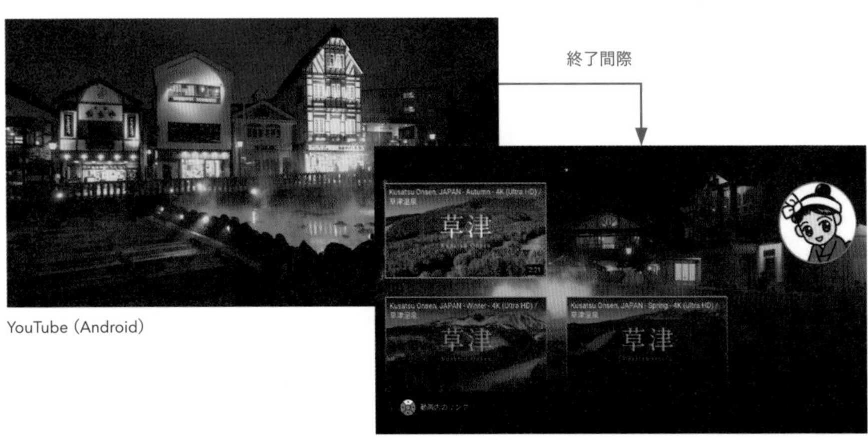

YouTube（Android）

様々な切り口で関連する情報を見せる

詳細から詳細への回遊を、最も効果的に使っているサービスのひとつは、間違いなく Amazonでしょう。詳細ページには、様々な切り口ごとの関連する商品が載っています。これによって、別商品との比較と新たな発見を繰り返しながら、詳細から詳細へ、さらにまた別の詳細へ…と尽きることなく回遊を続けられる仕掛けになっています。

URL https://www.amazon.co.jp/

4.3

現在地とステータス

「違い」の見せ方には、限りがある。

Webサイトであれアプリであれ、サービスはひとつの施設に似ています。そこがモノを売るところであれ、映画を見せるところであれ、道案内をしてくれるところであれ、サービスとは何らかの分野に特化した施設であり、その施設内で決められた手順を踏むことで、希望しているサービスを利用することができるわけです。

そのときに重要となるポイントは、その施設の中で自分がどこにいて、どのような状態であるかが、いつも分かるということです。それらの手かがりをもとにして、ユーザーは次に何をすれば良いのか、どこに行けば良いのかの判断ができるようになります。具体的には、他と何か「違う」状態を見せることで、これらの表現をすることになります。ですが、「違い」の見せ方には限りがあり、あちらを立てればこちらが立たなくなるように、実際にはパズルのように悩ましい組み合わせの産物なのです。

場所を表現する

場所を示すことは、インターフェースデザインではとても重要です。というのは、ユーザーはそのときに自分がいる場所が分かることで、その次の操作を続けることができるからです。そして、ここで言う場所とは主に「現在地」と「画面内位置」の2つです。

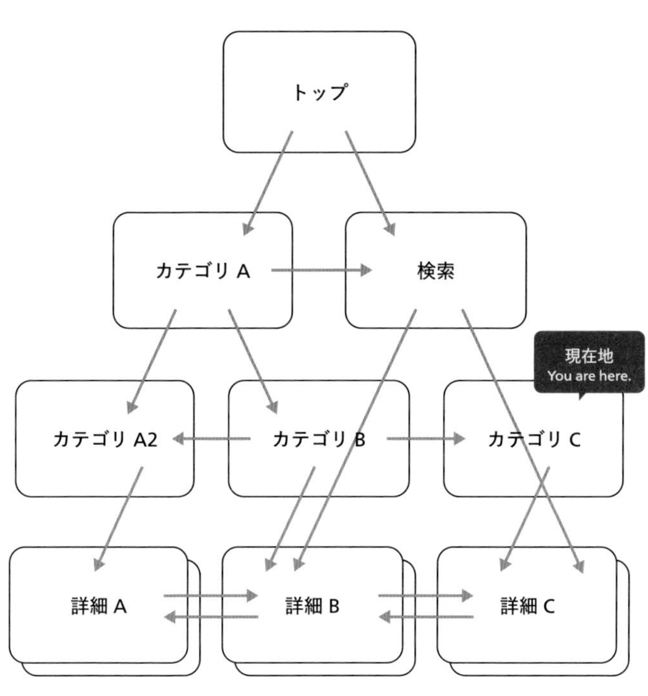

現在地とは「サービス全体の中で自分がどこにいるのか」であり、画面内位置とは「(デバイスによっては)画面内のどこに自分がいるのか」ということです。これら2つを、できれば文字だけではなく、ビジュアルとしても表現し、ユーザーに理解してもらうことが大事です。

現在地の表現

サービス全体の中で自分がいる場所、すなわち「現在地」を表す方法は、大きく2種類あります。ひとつは「パンくず」、もうひとつは「現在地（カレント）表記」です。

パンくず

パンくずは今でも変わらず、現在地を示すためのとても有効な手段です。Webサイトでは比較的よく使われますが、アプリではそこまで使われません。ユーザーにサービスの階層を伝え、今いる場所が全体のどこに位置するのか理解できるよう、補助してくれます。

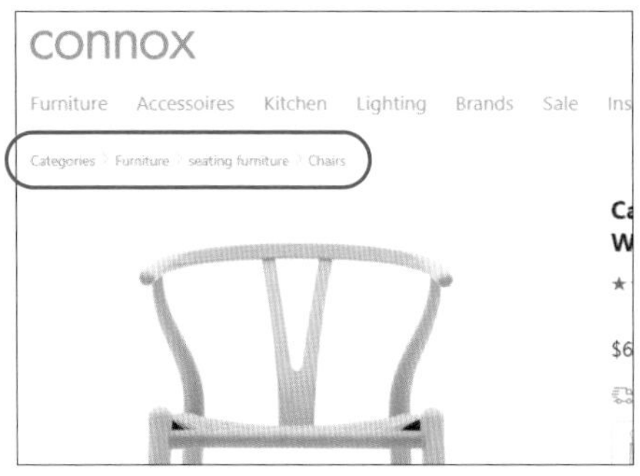

URL https://www.connox.com/

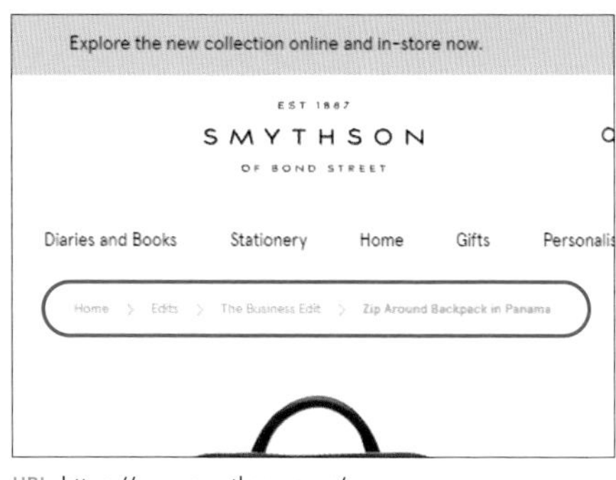

URL https://www.smythson.com/

パンくずは、画面が小さいスマートフォンでも役立ちます。現在地を示すという本来の役目のみならず、むしろ、直上ページへ移動するためのナビゲーションとしての側面で有用です。設置場所は、画面の最上部(ヘッダー)か、最下部（フッター）のどちらかが一般的ですが、どちらであっても大きな差はありません。現在地の明示と移動のために存在している、というだけでも十分なのです。

URL https://www.apple.com/jp/iphone-12/specs/

URL https://s.kakaku.com/review/K0001247727/

現在地（カレント）表記

現在地を間接的に表現するもうひとつの方法が「現在地表記」です。自分のいる場所やカテゴリを他とは違う見せ方にすることで、自分がいる場所を大まかに、視覚的に理解できるようにする方法です。状況によっては、複数のカレント表記を組み合わせます。

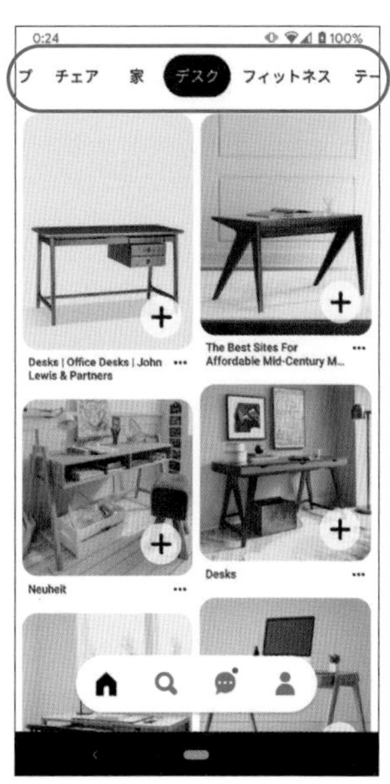

Pinterest（Android）

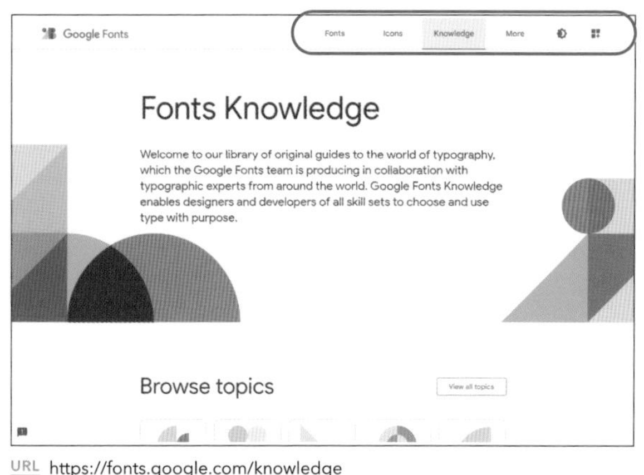

URL https://fonts.google.com/knowledge

YouTube（Android TV）

SmartNews（iOS/iPhone）

文字である「パンくず」よりも、視覚的な差異に頼る「カレント表記」は、より直感的につかみやすい点で優れています。また、Webサイトでアプリであれ、PCであれスマートフォンであれTVであれ、あらゆる状況で多用される、この上なく汎用的な表現手法です。カレント表記を実現するためには、「ここは他とは違うんだよ」と指し示す、何らかの見せ方、表現の差別化が必要です。しかし、差別化のバリエーションは無数にあるわけではなく、実質的な上限が存在します。

差別化表現のバリエーション

差別化とは表現のコントラスト（差異）です。コントラストが大きいほど、他との違いはより際立ちます。そして差別化の手法は、大きく分けて次の5つしか存在しません。太さ、大きさ、色、背景、目印、この5つです。

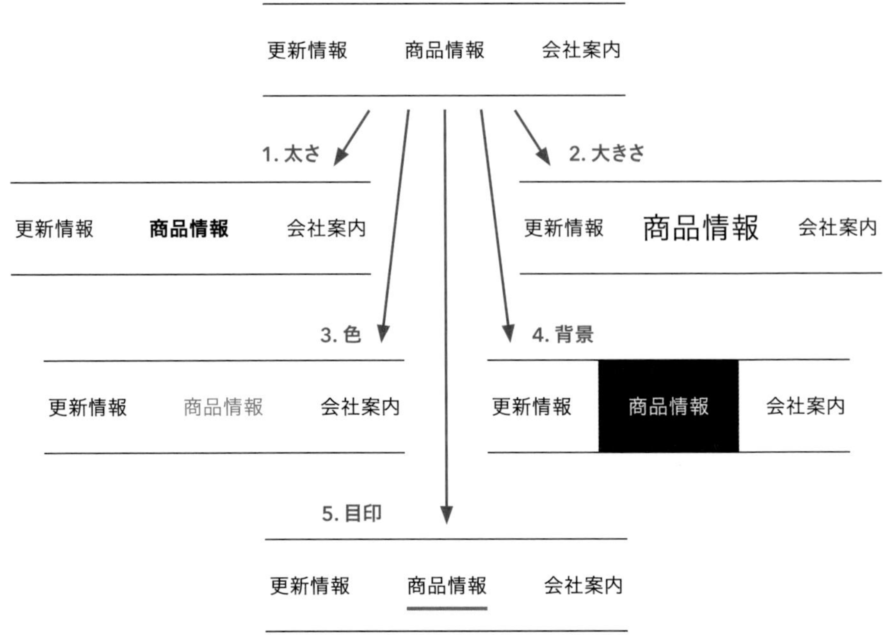

これら5つの中の複数を組み合わせると、他との違いがさらに際立ちます。状況に応じて上手く使い分けることで、より分かりやすいインターフェースになるでしょう。

大きさ＋色＋目印

更新情報　商品情報　会社案内

太さ＋色＋背景

更新情報　商品情報　会社案内

太さ

URL https://mail.google.com/

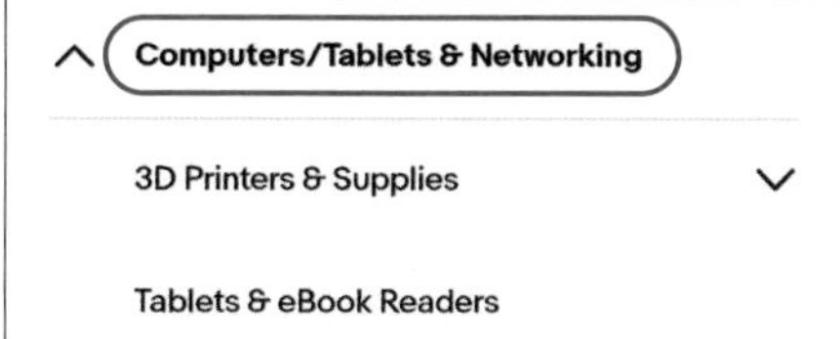

ebay (Android)

大きさ

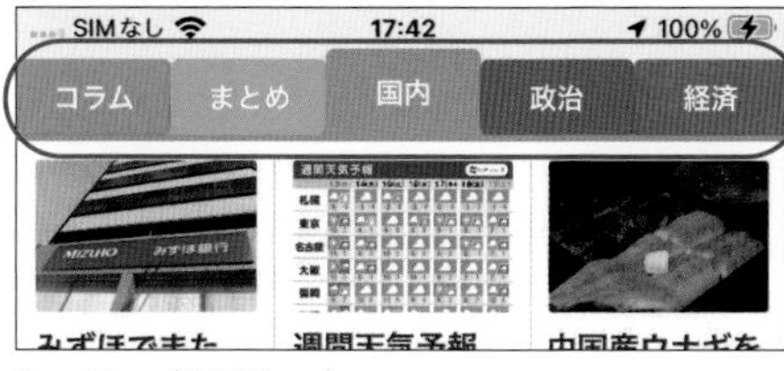

SmartNews (iOS/iPhone)

Android TV

色

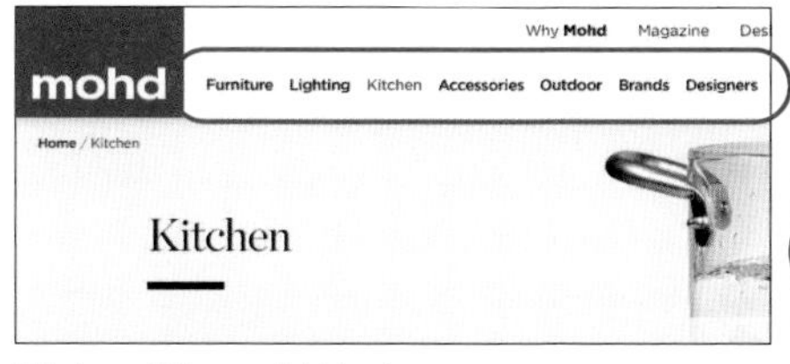

URL https://shop.mohd.it/en/

写真 (iOS/iPhone)

背景

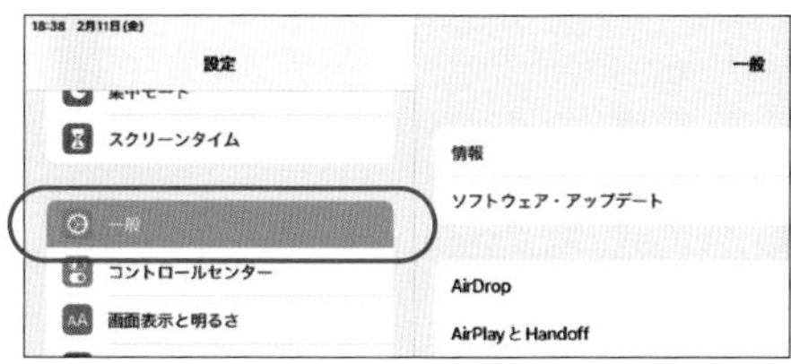

iPad 設定

YouTube (Android TV)

目印

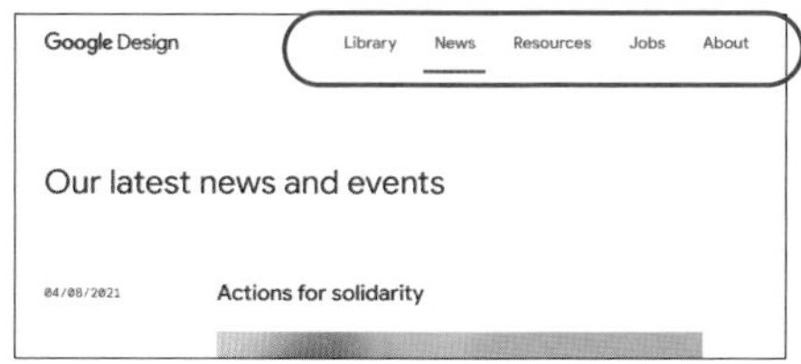

URL https://design.google/news/

URL https://material.io/design

画面内位置の表現：ホバーとフォーカス

場所を表すという意味ではもうひとつ、デバイスによっては表現しなくてはならない要素があります。画面内での位置、ホバーとフォーカスです。

ホバー

ホバーとはマウスオーバーのことで、リンクや選択できる対象にポインティングデバイスを乗せると、見え方が変化する表現です。対象を押す（クリックする）前に、そこが押せるものかどうか判断が付くという便利なものです。PCで操作がしやすい理由の半分くらいは「ホバーがある」ということに起因していると思えるほどです（ホバーが全く存在しないPCでの操作を想像してみてください）。なお、スマホやタブレットで選択できる対象がはっきりとデザインされているのは、それらのデバイスにはホバーが存在しないから、という側面があります。

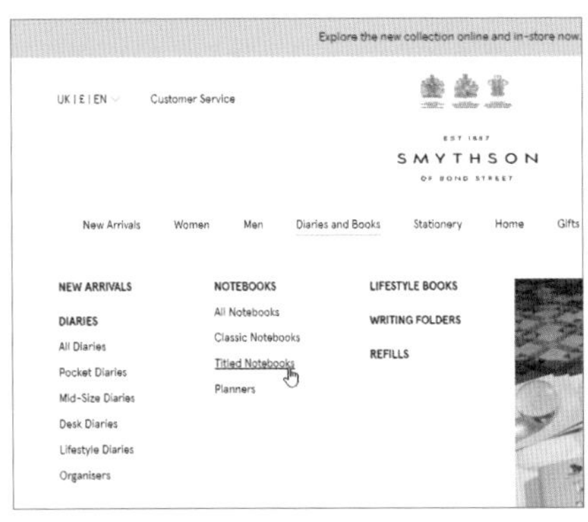

URL https://www.smythson.com/

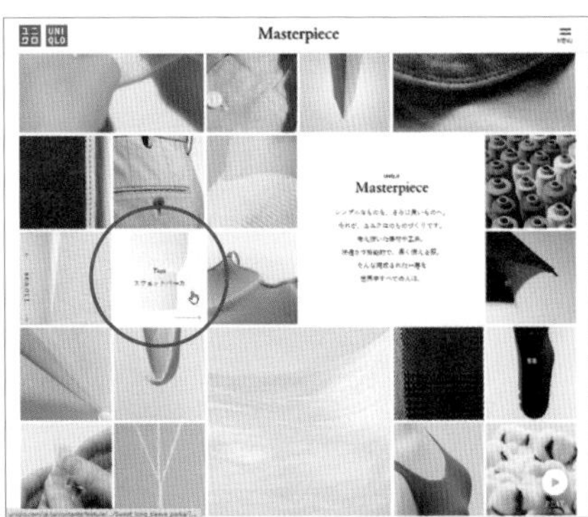

URL https://www.uniqlo.com/jp/ja/contents/feature/masterpie

フォーカス

フォーカスは、TV（あるいはPlayStationやNintendo Switchなどのゲーム機）特有の表現で、画面内での自分の位置そのものです。これらのデバイスでは、フォーカスを画面内で上下左右に操作することで、機器とのやりとりをします。フォーカスの場所が分からなければ何も始まりません。

Android TV

「現在地」と「ホバー/フォーカス」の区別を付ける

ここで問題になるのは、先に紹介した「現在地」と「ホバー/フォーカス」の表現のバッティングです。どちらも「他とは異なる見せ方にする」ことで、それぞれの意味を表現しているからです。

現在地

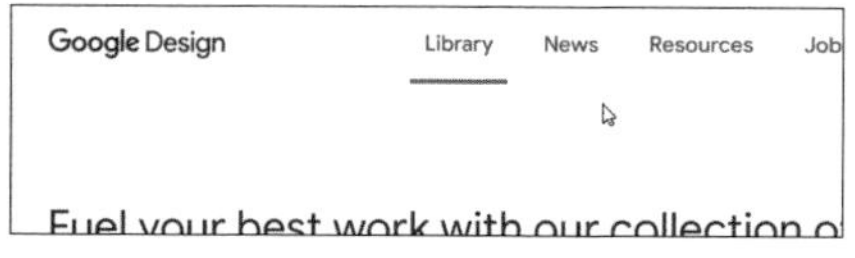

現在地とホバー

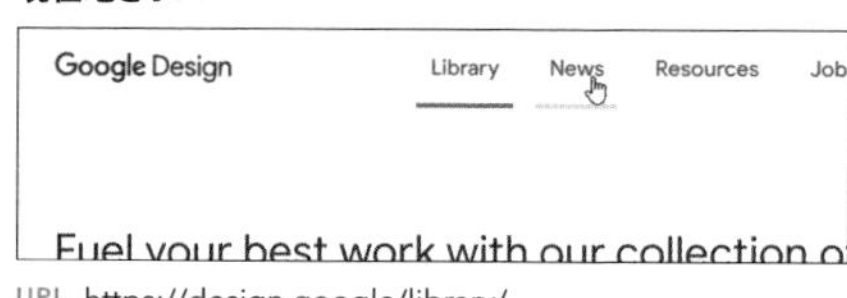

URL https://design.google/library/

解決方法は、あらかじめ両者を考慮してデザインしておく以外にありません。「現在地」には色と目印を使い、「ホバー」には別の手段（背景色など）を使うというように、両者が完全には同一とならないようにします。なお、両者の差は微々たるものであっても構いません。色であれば有彩色と無彩色の違い程度であっても、両者の意味が分かるのであれば大丈夫です。

動きによる表現

厳密には、ホバーやフォーカスは、見え方が他とは違うから判別が付くというだけではなく、それまでとは違う見え方に「変化した」という動きによって成り立っています。3-1で説明したように、動きや変化に対しては、人間の意識が向いてしまうものです。

URL https://yukimama.net/fks/

また、ホバーやフォーカスでは、ブリンク（点滅）やマーキー（動くテキスト）といった、「動き」そのものによって表現することもあります。 左の例のように、マウスの動きに併せてブロックにシャドウ（影）を付ける見せ方などもそれに該当します。

他にもTVやゲーム機器などでは、長いタイトルを全文表示するために、フォーカス時のみマーキー（動くテキスト）で見せることがあります。この用法の本来の目的は、限定されたエリア内でテキスト全文を見せることですが、そこがフォーカスされている場所であるとアピールするためにも使われています。

状態（ステータス）の表現

サービスには様々な状態（ステータス）があります。それらを表現するのも、基本的には文字ではなく、見せ方の差別化になります。

URL https://mail.google.com/

Gmail（iOS/iPhone）

未読と既読、未読数、プライマリー

メールでは「未読」と「既読」の違いを表現する必要があります。Gmailでは、タイトル文字の「太さ」で未読/既読を表しており、PCではさらに「背景色」も加えています。他にも、PCでは選択スレッド（背景色）、プライマリーのメール(左端に青目印)、ホバー(枠線と影)、スマートフォンでは未読数(アイコン横のバッチ内数字)など、よく見ると差別化のバリエーションは多岐に及びます。

選択と未選択

右の例は選択と未選択のステータスの違いを、「大きさ」「色」「目印」を使って表しています。ステータスに「大きさ」を使うのは珍しいですが、これは対象が写真であるために使えるワザです。

Googleフォト（Android）

※ 選択済み状態

アクティブと非アクティブ、メンバー数

下と右の例はアクティブ（オンライン状態）と非アクティブ（オフライン状態）のステータスを、「目印」と「色」で表しています。アクティブは緑、非アクティブは抜きの灰色です。スレッドの参加メンバーは数字です。PCとスマートフォンでは、アイコン周りの見せ方に違いがあります。

URL https://app.slack.com/

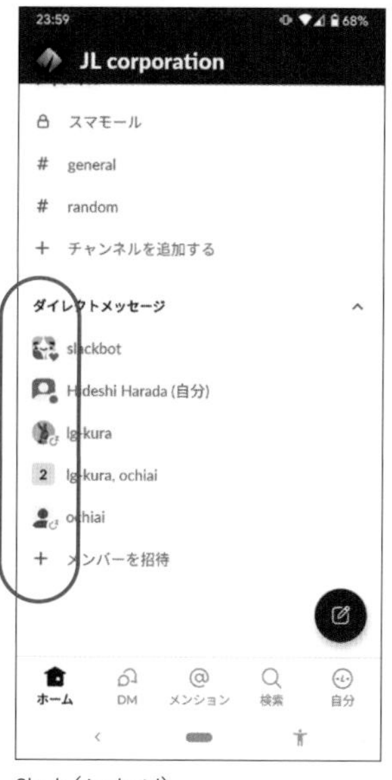

Slack（Android）

差別化表現の優先度

これまでのところをみると、差別化とは「表現のバリエーション」の取り合いであることが分かると思います。現在地表記、ホバー/フォーカス、ステータス、それぞれで違った表現をする必要があるためです。そのためデザインする際には、最初からどの表現を何に使うかを考えておく必要があります。しかも、サービスを展開する全デバイスにおいて、です。

デザインする上での優先度は、次の順番です。これは、Webやアプリだけに限らない、他のUIでも適用できる考えです。

- **今どこにいるのか：**
  現在地＋（必要であれば）
  ホバー/フォーカス
- **今どういう状況なのか：**
  ステータス

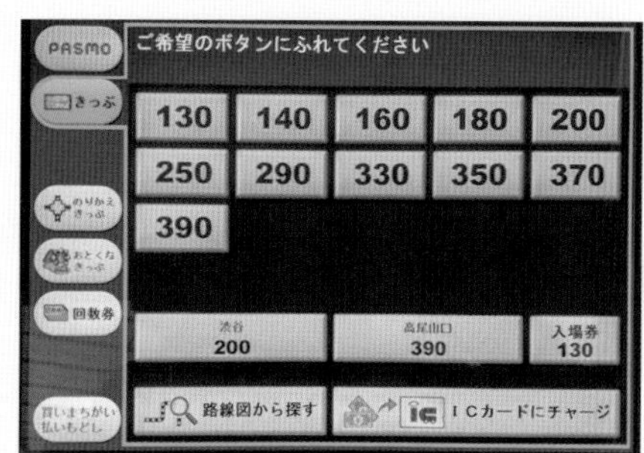

切符券売機の画面

4 構造とナビゲーション
4.3 現在地とステータス

4.4

Android と iOS

違いは「戻る」ボタンにあり。

スマートフォンは事実上、Android と iOS（iPhone）の2つによって独占されており、この両者がスマートフォンにおける標準となっています。Android は独自のカスタマイズ性がウリであり、iOSは初心者でも扱いやすいシンプルさが特徴でした。

両者はインターフェースにもはっきりとした違いがあり、デザイナーはどちらでも同じ機能を実現するために、ユーザーにはほとんど気が付かれないような工夫と配慮をほどこす必要がありました。近年では、Android と iOS の違いはより小さくなってきた印象があります。もしかすると近い将来、両者の違いを意識する必要なくデザインできるようになるかもしれません。しかし、少なくとも「ホームボタン」を持ったシンプルなiPhone が使われ続ける限り、歴然としたインターフェースの差異は残り続けるでしょう。両者の違いが何に起因しているか、知っておくに越したことはありません。

似てきた Android と iOS

Android と iOS、両者の最大の違いは「戻る」ボタンの有無にありました。しかし、最近ではその違いが小さくなり、両者のインターフェースは似通ってきています。

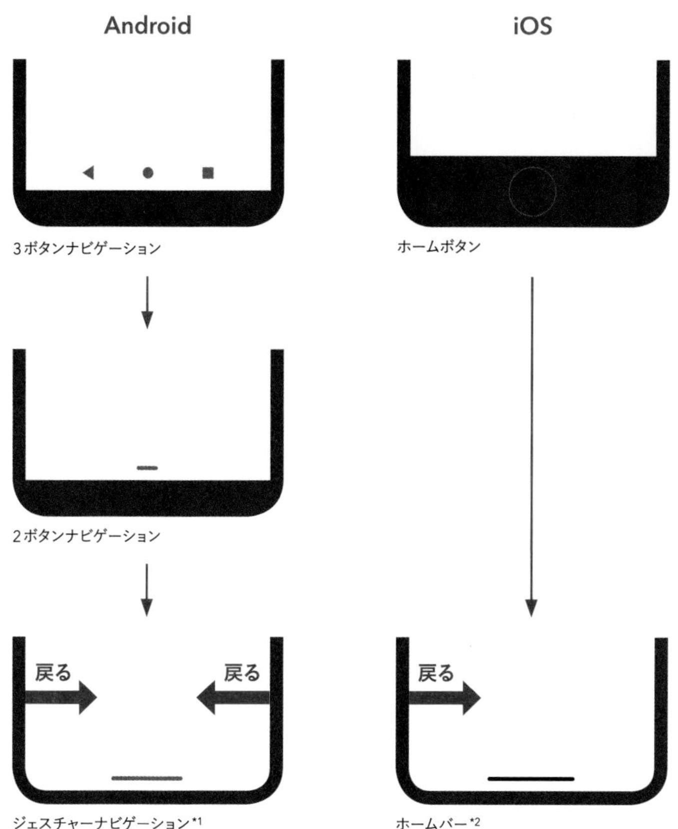

Android では、長らく「戻る」ボタンを重要なボタンと位置付け、画面下かハードウェアに明確なボタンとして設置してきました。しかしジェスチャーナビゲーションでは「戻る」ボタンは姿を消し、画面端からのスワイプで代替するようになります。対してiOSでは、長らく「ホーム」ボタンのみを設置してきました。

*1 Android のジェスチャーナビゲーションでは、スクリーンの左端か右端のどちらかからスワイプすると、「戻る」ボタンを押したときと同じ動作をします。しかし「戻る」ボタンの長押しはできなくなりました。

*2 iOS のホームバーでは、アプリによっては、スクリーンの左端からスワイプでも「戻る」ことができるようになりました。しかし、あくまで補助的な手段であり、画面左上には「戻る」ボタンを常に設置しています。

戻るボタン

Android と iOS、OSとしての両者のインターフェースが似通ってきたとはいえ、アプリとしては、iOS旧来のインターフェースである「ホームボタン」のケースをカバーする必要があります。具体的には、iOSの場合にどうやって「戻る」に相当する機能をカバーするか、です。

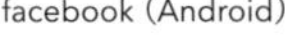
facebook（Android）

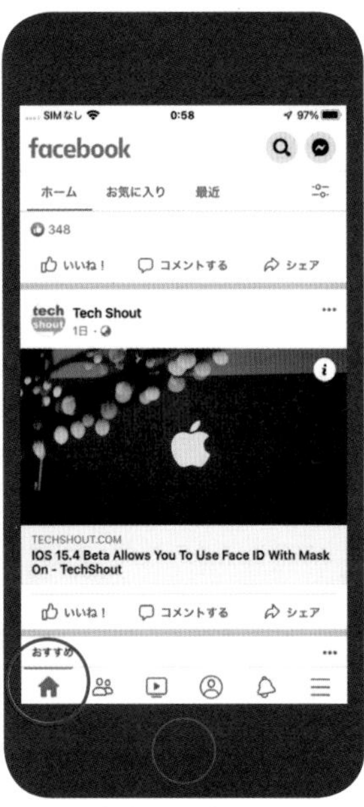

facebook（iOS/iPhone）

Android と iOS で個別に最適化

facebookアプリでは、Android と iOS でインターフェースが異なります。Android ではタブが上に、iOSではタブが下にあります。その最も大きな理由は、画面をスクロールしたあとでもすぐに最新の状態に戻れるようにfacebookが配慮していることです。Androidでは、スクロールしたあとに画面下にある「戻る」ボタンを押すと最初の状態に戻り、最新のコンテンツに更新されます。iOSでは、下タブの左端ボタンを押すと、同様の動きをします[*1]。時事的なコンテンツを扱うfacebookの配慮が伺えます[*2]。

*1 どちらの場合も、スマートフォンでは画面の下のほうが親指が届きやすく操作しやすい、という前提に立っていると考えられます。

*2 他にも、Android版のfacebookでは、上のタブに指を伸ばさなくても操作できるように、画面全体の左右スワイプでもタブの切り替えができます。iOSでは下タブに指が届くので、同様の機能はありません。

ebayは、世界で最大のオークションサービスです。多数のコンテンツと機能をカバーするために、Android版のアプリでは、左上にハンバーガーメニューを常設しています。

詳細ページに移動したあとは、AndroidがOS標準として持っている「戻る」ボタンを使って、元の画面に戻ります。

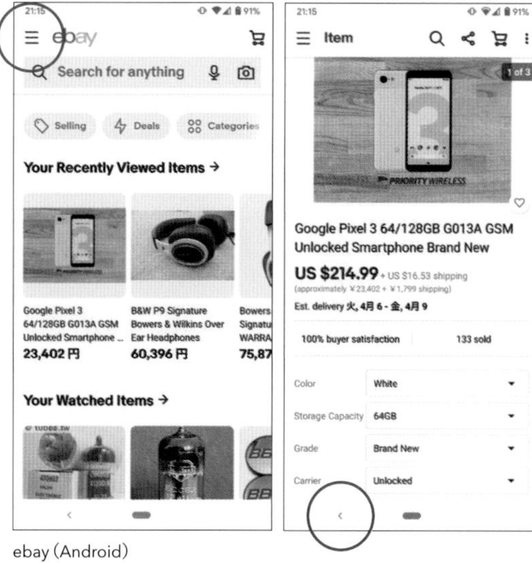

ebay (Android)

「戻る」ボタンの場所を確保

一方、iOS版のebayアプリでは、ハンバーガーメニューを設置せずに、Android版のハンバーガーメニューと同等の内容を、画面下のタブとして展開しています。その理由はひとえに、画面内の左上に「戻る」ボタンを設置するため、です。

ハンバーガーメニューを「右上」に設置する（そして空いた左上に戻るボタンを置く）という案もありますが、ebayはその方針を選択していません。おそらく、ハンバーガーメニューは左上、という考え方が一般的になってきていることを重視しているのでしょう。

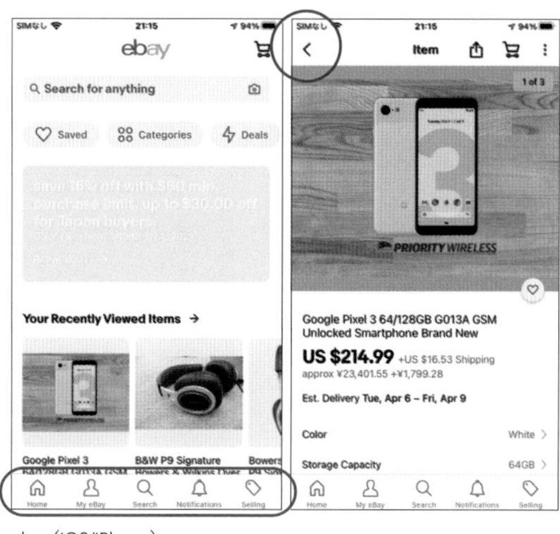

ebay (iOS/iPhone)

これらのように、AndroidとiOSでは「戻る」ボタンの有無によって、それぞれ最適となるインターフェースが異なります。特に、iOSの場合に「戻る」ボタンをどこに置くかによって、インターフェースが大きく変わる可能性があります。

▸ 実例3 Android、iOS、Web、3つのUI制作

最もよくある依頼事項のひとつが、あるサービスのスマートフォン版を作成してほしい、というものです。そしてスマートフォン版とは、Androidアプリ、iOSアプリ、Webサイトの3つを作成し、全て同じ機能で実現してほしい、といった内容です。

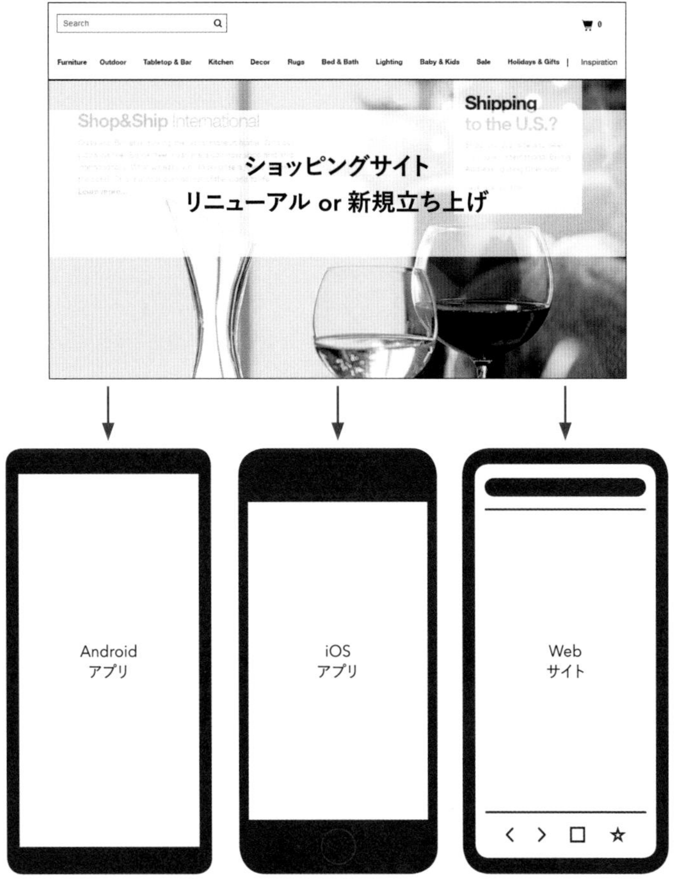

ここでは実際にあった例として、あるショッピングサイトのAndroidアプリ、iOSアプリ、Webサイト（スマートフォン向け）のインターフェースを設計するにあたり、どのような違いが生じるかを紹介します。これらの違いとその根拠は、他のサービスを検討する際でも流用することができるでしょう。

▸ Androidアプリ

ショッピングサイトの一般的なページとして、最初に表示される「トップ」、次にカテゴリや検索結果で表れる「商品一覧」、具体的な商品ページである「商品詳細」の3つについて検討します。Androidアプリでは、OSが標準で「戻る」に相当するボタンや機能を備えています。またアプリならではの操作（フリック、スワイプ、長押しなど）も可能です。制約事項が少なく、設計の自由度を高くとることができます。

トップ

商品一覧

商品詳細

❶ 今回の例では、ショッピングサイトとして必要な多数の機能を、左上にハンバーガーメニューを設置して、そちらに格納することにします。アプリのどの場所でも利用できるように、いつも同じ場所に置きます。

❷ AndroidではOSが標準で「戻る」ボタン、あるいはそれに相当する機能を備えているので、画面内に「戻る」ボタンを設置する必要性はなくなります（あっても問題はありません）。

❸ 商品詳細では、「検索」を使う必要性が低まるため、入力フォームとしての表示ではなく、虫眼鏡のアイコンだけに縮めます。また、サービスロゴを表示する必要性も薄れますので、詳細画面からはロゴを非表示としています。

▶ iOSアプリ（下タブ型）

iOSアプリを考えるにあたっては、何よりも「戻る」ボタンをどうするか、ということが大きな問題になります。ハンバーガーメニューのような、サービス全体で同じ場所に置きたいものが「戻る」ボタンと干渉するならば、全く別のインターフェースを検討しても良いでしょう。その一例が下タブ型のインターフェースです。事実、iOSでは多くのアプリがこの形を採用しています。

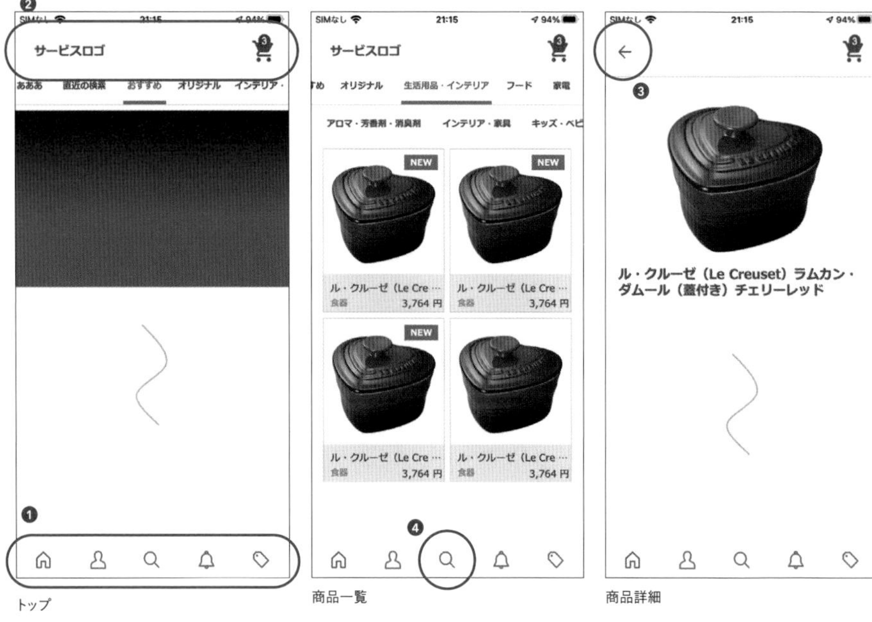

トップ　商品一覧　商品詳細

❶ ハンバーガーメニューを設置しない代わりに、下タブを置きます。Androidアプリでハンバーガーメニューに格納していた内容は、全てこのタブのそれぞれのボタンに分散させます。

❷ ハンバーガーメニューを置かないので、画面上部にはロゴと重要な機能（ここではショッピングカート）だけを置くことにします。

❸ 商品詳細ページでは、元の画面に戻るためのボタンを左上に設置します。このボタンを置くために、左上にハンバーガーメニューを設置することを諦め、同等の内容を下タブに分散させたと言ってもよいでしょう。

❹「検索」は、タブの項目のひとつに格納することで、ヘッダから取り外すことができます。

▶ iOSアプリ（ハンバーガーメニュー型）

他にも、iOSであってもハンバーガーメニューを使わざるを得ないケースもあります。そのような場合には、右側にハンバーガーメニューのアイコンを設置する、という方法もあります。とはいえ、ハンバーガーメニューは左上に置くことが一般的になりつつあるので、少し躊躇するところでもあります。

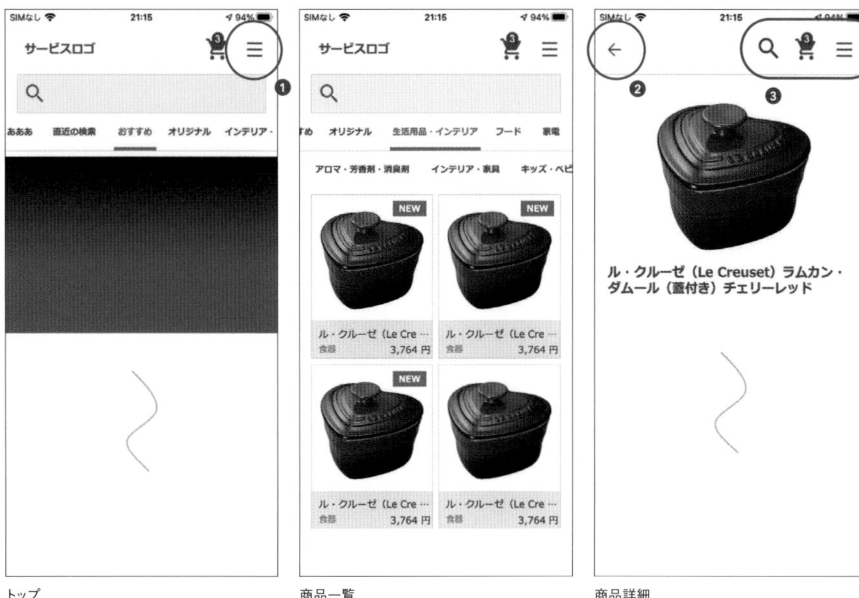

トップ　　商品一覧　　商品詳細

❶ iOSでもハンバーガーメニューを設置したい場合は、右側であれば「戻る」ボタンに干渉することはありません。なお、メニューそのものの展開は、「右から左」ではなく「上から下」でも問題ないでしょう。海外のサービスでは比較的よく見られる展開方法です。

❷ 商品詳細ページでは、元の画面に戻るための「戻る」ボタンを左上に設置します。「戻る」ボタンは一般的にこの場所に置かれるので、ハンバーガーメニューを置くのであれば、左上ではない別の場所にする必要があります。

❸ ハンバーガーメニューを加えると、都合3つのボタンを右側に置くことになります。多くなってしまいますが、今回のように3つであれば許容範囲と考えています。4つ以上になるのであれば、根本的な考え方から見直します。

Webサイト

Webサイトでは、ブラウザそのものが「戻る（history back）」を備えているので、iOSアプリのように「戻る」ボタンの設置場所に悩まされることはありません。しかし、WebサイトはURLとセットで考える必要があるので、それに見合った配慮を加えると、なお良いでしょう。

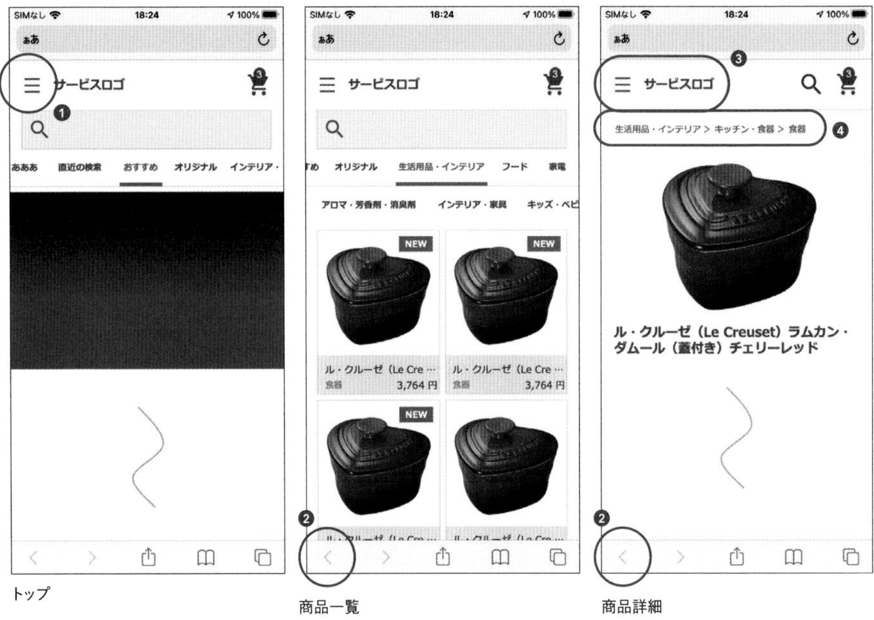

トップ

商品一覧

商品詳細

❶ Androidアプリと同様に、Webサイト版でも、左上にハンバーガーメニューを設置します。ブラウザが持つ「戻る」ボタンのおかげで、場所の干渉を気にしなくて済みます。

❷ ブラウザは標準で「戻る」ボタンを備えているので、画面内で「戻る」を設置する必要がありません。

❸ Webサイトでは、トップに戻るためのロゴを常設したほうが良いでしょう。商品詳細ページでも、トップや商品一覧と同様に、ヘッダー部にロゴ（トップへのリンク）を設置します。

❹ アプリでは「パンくず」を設置しないほうが一般的ですが、URLで制御するWebサイトでは、ナビゲーションとして「パンくず」があったほうがより便利でしょう。

まとめ

トップ　　商品一覧　　商品詳細

Androidアプリ

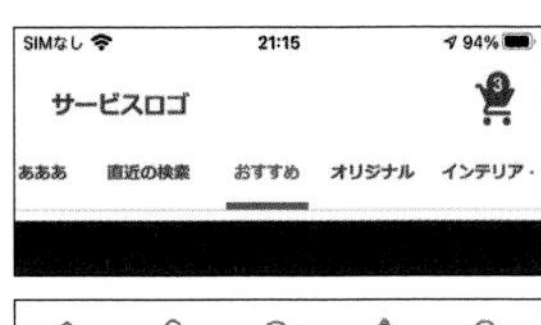

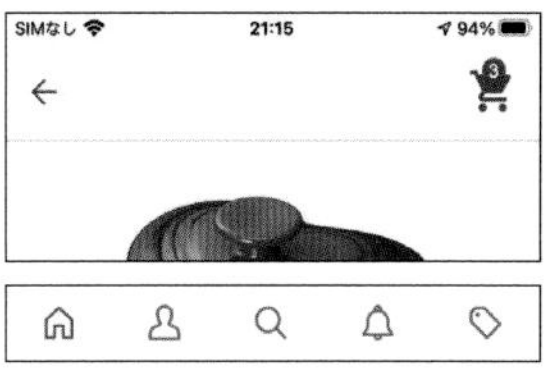

iOSアプリ（下タブ型）

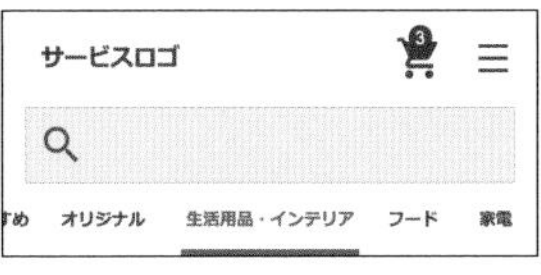

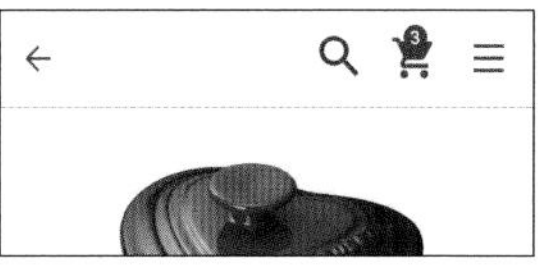

iOSアプリ（ハンバーガーメニュー型）

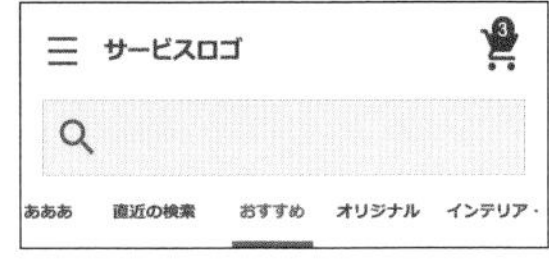

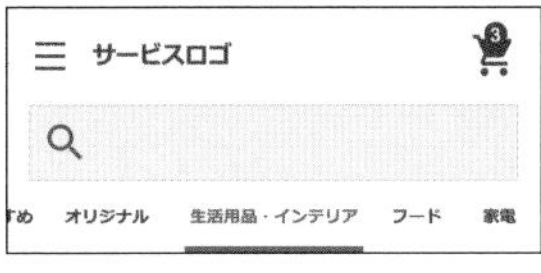

Webサイト

これまでの違いをまとめると、このようになります。それぞれは微妙な差異にすぎませんが、インターフェースの設計という観点からは決して小さくない違いです。結局のところ、今回の例における設計の判断基準は、以下の4つに集約されます。

- **「戻る」ボタンは、必要か / 不要か**
- **コンテンツを格納する「ハンバーガーメニュー」は、必要か / 不要（下タブ代替）か**
- **「ハンバーガーメニュー」の設置場所は、左か / 右か**
- **トップへ戻る「ロゴ」は、常設か / TOPのみ（または不要）か**

4.5

アイコン

そのアイコン、誰もが同じ意味で使ってますか？

Account Circle　Settings　Done　Info　Check Circle　Delete　Shopping Cart

Favorite Border　Lock　Schedule　Language　Face　Help Outline　Fingerprint

Verified　Dashboard　Calendar Today　Login　List　Visibility Off　Check Circle Outline

Question Answer　Paid　Task Alt　Lightbulb　Shopping Bag　Open In New　Perm Identity

URL https://fonts.google.com/icons

　アイコンは、ユーザーに対して意味や操作を、素早く視覚的に伝えるための記号です。アイコンを使うことで、とっつきやすさ、親しみやすさ、覚えやすさ、区別のしやすさ、世界観、省スペース化などといった、様々なメリットを提供できます。それは、作り手（デザイナーや開発者）に対しても、使い手（ユーザー）に対しても、同じように有用なものです。

　とはいえ、アイコンは絵だけによって、全ての意味を伝えるものではありません。また、誰もが同じ解釈をすると期待できるものでもありません。アイコンをどのように解釈するかは、それぞれのユーザー個人が持つ、それまでの体験と知識に依存しています。誰もが同じ意味で理解されているアイコンもあれば、解釈にバラツキのあるアイコンもあり、国籍や文化によっても異なります。アイコンの特徴を理解し、上手く活用することで、サービスの価値を高めることができます。

省スペース化と認知の向上

狭いスペースを有効活用

そもそも表示エリアが大きくないスマートフォンやタブレットでは、アイコンは必須のナビゲーション要素です。タップするためには対象にある程度以上の大きさが必要となり、加えてホバーも使えないために、「見るだけ」でそこがタップできる要素であると分かる必要があるからです。

ホバーを使えるPCの場合ならば、ホバーしたときにだけラベルを表示するようにすれば、さらにスペース効率を上げることもできます。

Android 11 のクイック設定パネル

認知の向上に役立つ

テキストだけのインターフェースと比べて、アイコンがあることで、とっつきやすさ、親しみやすさを生み出すことができます。

さらに、何度も使って慣れてくるにしたがって、文字ではなく、アイコンの色、形、場所などで操作を覚えてしまいます。アイコンが存在することは、操作上の認知負荷を低減してくれます。

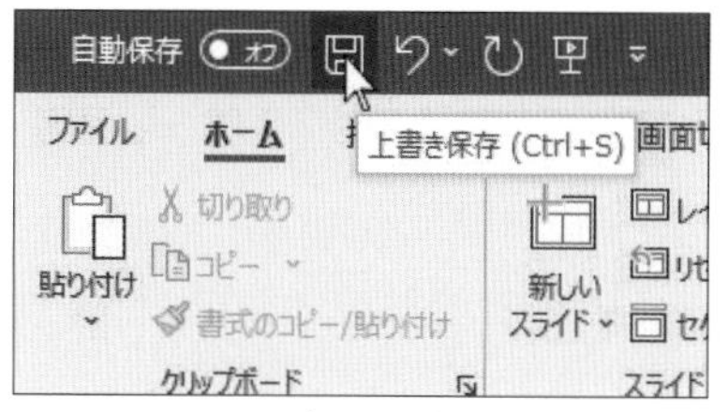

Microsoft PowerPoint (Windows)

まとめサイトを活用する

アイコンをセットで用意している、いわゆる「まとめサイト」を活用することは有効です。なぜなら、まとめサイトで使われるアイコンは、見せ方に一貫性があるだけでなく、世界中の大多数の人にとって共通認識に近いアイコンだからです。右の例はGoogleが提供しているMaterial Iconです。Apple が iOS 等で使っているアイコンも、同様に役立ちます。

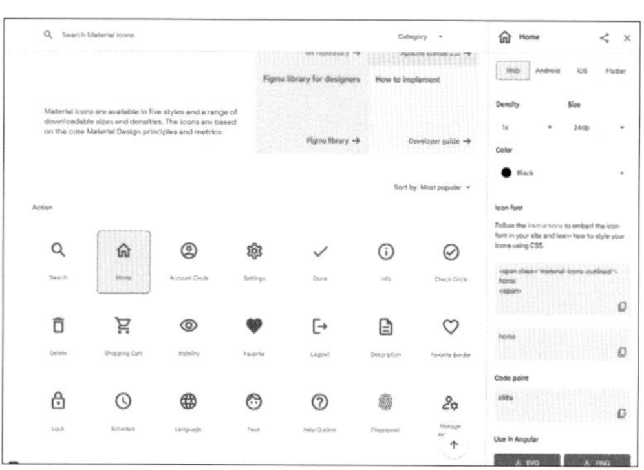

URL https://fonts.google.com/icons

ラベルを添えるか、添えないか

どちらが適切?

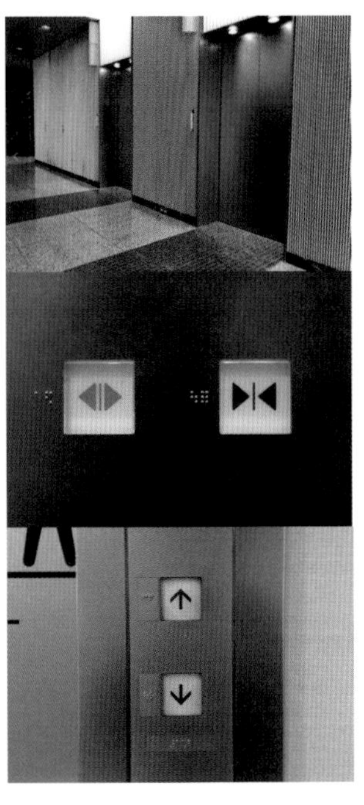

基本的にはラベルを添えるが、
誰もが同じ認識をするならラベルはなくても可

ラベルとはアイコンに添えるテキストです。誤解を避けるために、基本的にアイコンにはラベルを添えます。とはいえ、そのアイコンが一般的に使われており、誰もが同じ意味で理解されているものならば、ラベルはなくても構いません。例えば、エレベーターの「開く・閉じる」のボタンや上下移動のボタンには、ラベルがないケースがよく見られます。虫眼鏡アイコンのように、それが「検索」を意味すると誰もが知っているものならば、ラベルはなしでも可です。

絞り込み

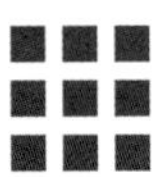
アプリ一覧

カテゴリ

アカウント

新規登録

マイページ

知られてないものや解釈が
分かれるものならラベルは必須

反対に、あまり知られていないアイコンにはラベルは必須です。例えば、世界的には「漏斗」アイコンは「絞り込み」を意味するのですが、誰もが知っているとは言えません。こういったものにはラベルは必須です。また、いくつもの解釈がありうるアイコンにもラベルは必須です。例えば「人」アイコンは「会員登録」「アカウント情報」「友達」など、いくつもの使われ方がありえます。そういった場合にもラベルは必要です。

意味が固定化されたアイコン

「フロッピーディスク」のアイコンが「保存」を意味するなど、既に役割が固定化されているものは、その習慣に従います。というのは、フロッピーディスクなど見たことがない若い人が多いにもかかわらず、それが世の中の一般的な「共通認識」になってしまっているためです。本来のフロッピーディスクの意味でこのアイコンを用いることは、もはやできません。他にも同じような例として、「星（お気に入り/評価）」「歯車（設定）」「地球（言語選択）」など、役割の固定化されたアイコンには注意しましょう。

ハンバーガーメニューの是非

ハンバーガーメニューは、その是非についていまだに賛否両論*があります。とはいえ、画面が小さいスマートフォンでは特に、メニュー的なものを画面に常設することがそもそも難しい場合がほとんどです。何らかの格納庫のような機能と、それを意味するシンボルが、現実問題として必要とされています。おそらく将来においても、それは変わらないでしょう。

良かれ悪しかれ、そういったアイコンの役目を今のハンバーガーメニューは担っています。何らかの役割を象徴するシンボルとして、保存を意味するフロッピーディスクアイコンのケースと、本質的には大差がないのです。適切か不適切かはともかく、そういった役割を担うアイコンが必要ですし、もしかすると将来にわたって意味が固定化されるのかもしれません。

Gmail（Android）

*否定的な見解としては、見ただけでは意味が分からない、直感的なシンボルではない、ラベルは絶対必要だ、といったものなど。

実例 4　渋滞予測アプリでのアイコン事例

ある渋滞予測のアプリで、アイコンの使い方に難があるように見えました。どのように改善を加えれば良いか検討してみます。以下は、Android版「渋滞ナビ」アプリの「簡易図」の画面です。

❶「9つのグリッド」アイコンをタップすると、画面上に多数の情報が現れました。もう一度タップすると消えました。これは表示切替ボタンだったのです。しかし、このアイコン（ラベルなし）では、ちょっと予測できません

❷「星」アイコンをタップすると「地域選択」画面に飛びます。よく見ると「地域選択」画面下のタブに「お気に入り」とあります。

❸「虫眼鏡」アイコンは一般的に「検索」を意味するものですが、「地域選択」画面に飛びました。

❹「虫眼鏡」アイコンをタップする前に、右上の「星」アイコンから地域選択に移動していると、移動先が「地域選択：お気に入り」に変化します。直前に見た地域選択タブを記憶しているようです。

❺のタブ部では「全ての地域」と「お気に入り」の切り替えができます。全ての地域のアイコンは「虫眼鏡」です。

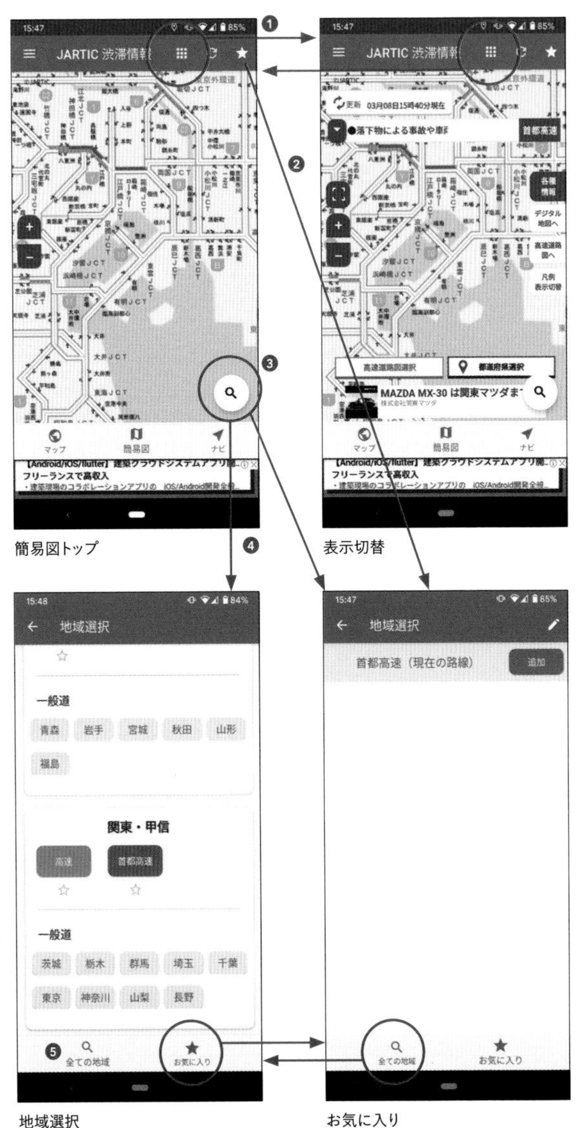

簡易図トップ　表示切替

地域選択　お気に入り

▶ 改善案

アイコンは、できるだけ世の中で一般的に用いられている使い方をします。例えば「検索」ならば「虫眼鏡」アイコンです。そのような共通見解を得られるか疑わしいアイコンにはラベルを添えます。アイコン化が難しい場合は、アイコンを使わなくても支障がないか検討します。

簡易図トップ

地域選択

お気に入り

❶「9つのグリッド」アイコンは、一般的に「アプリ一覧」を示すことが多いため、切替表示のアイコンとしてあまり適切ではありません。切替の意味により近いアイコンに変更して、さらにラベルを添えます。

❷ 現状の「お気に入り」ボタン（星アイコン）は事実上の「地域選択」への導線となっており、下部の「地域選択」アイコンとの機能的な重複と相まって、微妙な混乱を招いています。画面上部の「お気に入り」ボタンは、思い切ってカットしても良いでしょう。

❸「虫眼鏡」アイコンは「検索」を強く想起してしまうため、ここから「地域選択」ができるとは、とても予測できません。よりふさわしいアイコンに替えて、さらにラベルも添えます。

❹「地域選択」アイコンからの移動先は、ひとつのページに固定します。状況によって勝手に「お気に入り」のほうに移動してしまうのは、混乱を招き良くありません。

❺ アイコン化が難しいものであれば、無理にアイコンを添える必要はありません。無難にテキストのみのタブに変更します。

4.6

フィードバック

あらゆる操作に「反応」を用意しよう。

われわれの生活は、いたるところで反応があふれています。電話がくれば着信音が鳴り、ドリンクの自動販売機に硬貨を入れれば、買うことができるジュースのボタンが光ります。これらはシステムに対する応答ですが、「衣食住」といった人間の基本生活レベルであっても、反応は無関係ではありません。フライパンで肉を焼けば音とともに匂いがするし、靴を履いて外を歩けば接地感とともに足音がします。最も身近な例でいえば、人に声をかければ、何らかの反応があります。もし何も反応がないのであれば、声は相手に届いていないのでしょう。

そもそものルーツをたどれば、私たちの祖先や生きもの全般が、反応とともに生き延びてきたからなのでしょう。Webサイトやアプリといったシステムは、無機的な施設のようなものでありながらも、同時に擬人的な存在でもあります。ユーザーが何かアクションを起こしたら、反応を返してあげましょう。

インターフェースとは入力と応答の繰り返し

インターフェースとは、人間と人間以外（機械）とのやりとりです。どんなものであれ、何か操作（入力）があったときには、それに対するフィードバック（反応）を返してあげることが大事です。もし何も反応がなければ、操作に失敗したのか、そこが操作できる場所でなかったのか、そもそも動いてすらいなかったのかの判断が付かないからです。

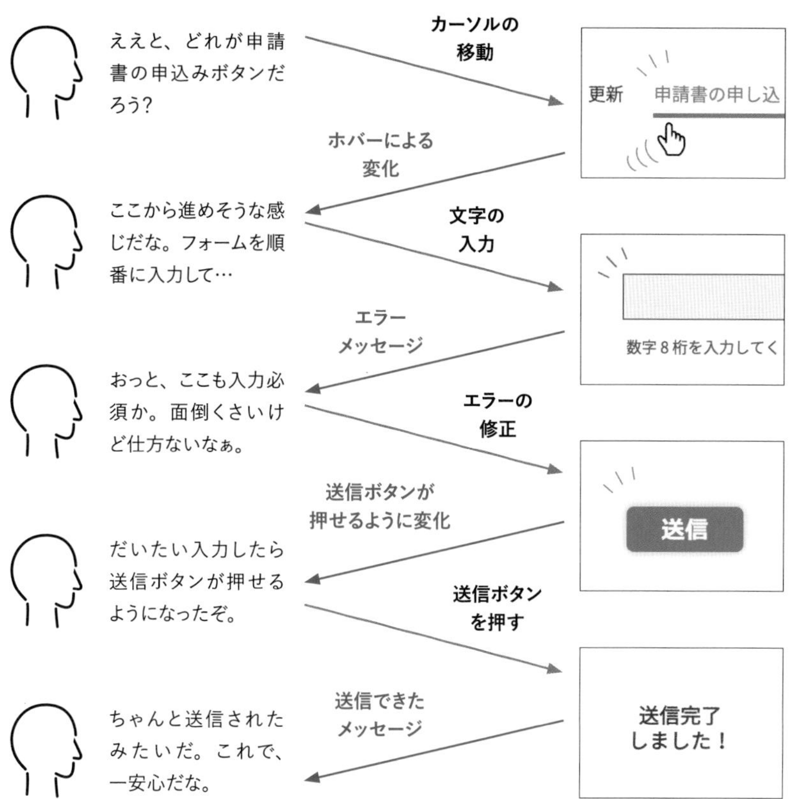

例えば、あるボタンを選択してもらうには、カーソルをボタンの上に移動したときに、ホバー（マウスオーバー）によって色が変わるなど、ボタンに変化を付けます。その変化によって、そのボタンが押せるものであることを、ユーザーは理解できるようになるからです。さらに、入力フォームに空白があったら知らせてあげたり、条件を満たしたならばボタンを変化させて押せることを伝えたり、アクションが完了したときには、本当に完了したことを伝えてあげます。

これら全てが、ユーザーの操作（入力）に対するフィードバック（応答）です。インターフェースとは、この入力と応答の繰り返しによって成り立っています。

あらゆる操作にはフィードバックが必要

OSであれWebサイトであれ、微細なところからはっきりしたところまで、あらゆる操作にたいして応答（フィードバック）が用意されていなくてはいけません。フィードバックを頼りに、ユーザーは状況を理解し、操作を進めることができるからです。

ホバー時の変化

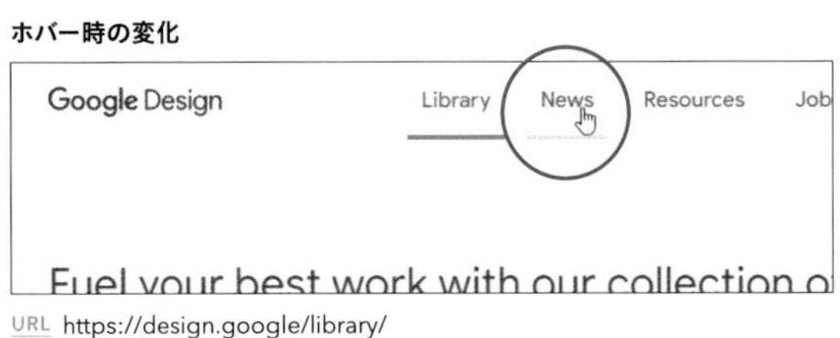

URL https://design.google/library/

フォーカスの移動

Apple TV

タップ時の反応

Android 設定

リロード中の表現

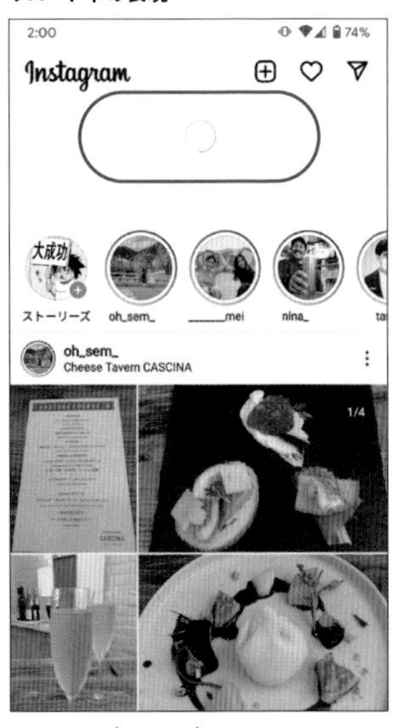

Instagram（Android）

PCであれば、ホバーによるフィードバックは特に重要です。ホバーに反応があることによって、そこが選択できる、あるいはクリックできる場所だとユーザーに明確に伝わるからです。これは、ホバーによる反応がないWebサイトに触ることで（あるいは試作することで）実感できるでしょう。

他にも、デバイスごとに特徴的なフィードバックは、操作の助けになっています。スマートフォンやタブレットであればタッチに対する反応、TVであればフォーカスの移動による反応があることで、ユーザーは状況を理解することができます。

ステータスを明確に示す

ユーザーのステータスは、いつも同じ状態であるとは限りません。あるときはエラー状態であり、あるときは入力を受け付けないローディング状態であり、あるときは特殊な「選択モード」に切り替わった状態かもしれません。フィードバックを返すことで、今がどういう状態になったかをユーザーに伝えます。

アカウントを作成
名前
hideshi harada
メール

かわりに電話番号を登録する

アカウントを作成
名前
hideshi harada
メール
hideshi@harada.jpp
このメールアドレスは無効です。
かわりに電話番号を登録する

URL https://twitter.com/

ユーザーにはできるだけ認知負荷をかけることなく常に、今どこにいて、どういう状態であり、何をすることができるか（許されているか）を、理解できるようにする必要があります。Twitterの新規登録では、メールアドレスの有効性がすぐに提示されるようになっています。

Googleフォト（Android）

Androidの「Googleフォト」では、長押しによって選択した画像は形状が変化し、左上にチェックアイコンが添えられます。この変化によって、今は「選択モード」にステータスが変化したことを、ユーザーに伝えています。そして同時に、タイトル部では選択中の数を示した上で、次に行うであろうアクションを提示しています。

アクションの結果を明示する

最後のトリガーとなるアクションには明確な返答をする

「決済」や「送信」「確定」など、最後のトリガー（引き金）となるアクションには、明確に返答を示しましょう。フィードバックとして、最もイメージしやすいものがこれです。画面が切り替わらないポップアップよりも、画面が完全に切り替わるフィードバックのほうが、さらに信頼性が高いものになります。

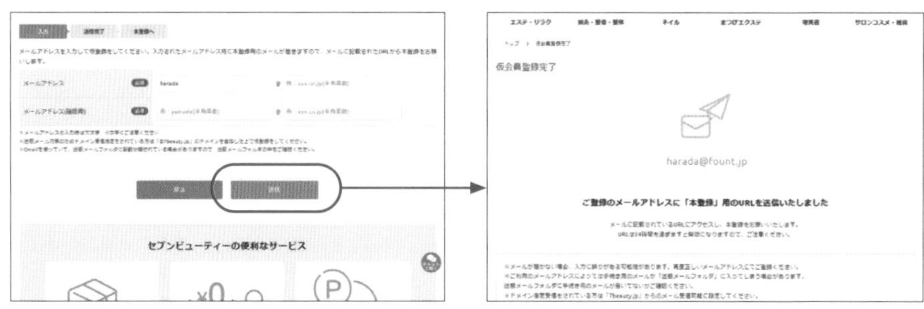

URL https://7beauty.jp/

致命的な操作には再確認のワンクッションを置く

「削除」や「リセット」など、その行為をしてしまったら元に戻せない致命的な操作の前には、再確認のためのワンクッションを置きましょう。最も一般的な方法は再確認のポップアップを出すやり方ですが、画面を一枚差し挟む方法でも構いません。

ポップアップの場合ではさほど問題にならないのですが、再確認のワンクッションを画面として差し挟むケースでは、そこで操作が完了したと誤解されることがあります。「まだ削除は完了しておりません」「次の画面で削除は完了します」など、現在のステータスを明確に表すメッセージを添えるとなお良いでしょう。

URL https://www.amazon.co.jp/a/addresses

2種類の「待ち状態」を使い分ける

ユーザーの入力に対して、応答に時間がかかってしまうようであれば、「待ち状態」であることをユーザーに伝える必要があります。待ち状態には「ローディング」と「プログレスバー」の2種類があり、状況に応じて、それらを使い分けます。

ローディング

ローディングは、何かがグルグル回ったり、同じ動作を繰り返したりして、待期中であることを伝えるアニメーションです。待ち時間が比較的短い場合に使います。

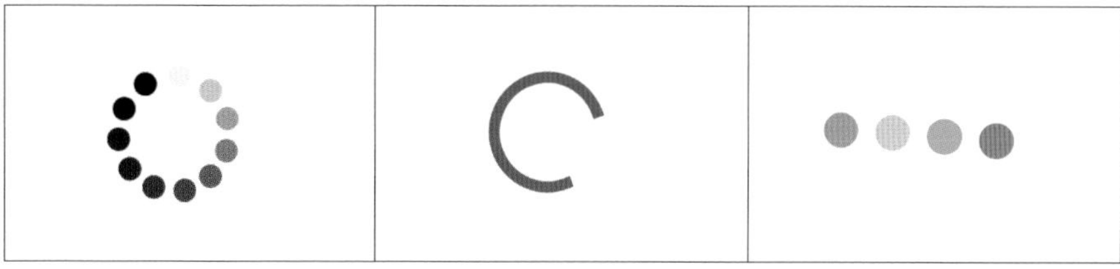

プログレスバー

プログレスバーは、ある程度時間がかかる場合に、どの程度それが進んでいるかを視覚的に表現したアニメーションです。

87% 完了
228 個の項目を削除中
87% 完了
詳細情報

Progress
キャンセル

URL https://app.box.com/

両者の使い分けとしては、数秒程度ならばローディングを、それ以上時間が掛かるようであればプログレスバーを使うのが良いでしょう。

またプログレスバーでは、進行状況の「%」や「残り時間」を表示するものもあります。これらの情報はあったほうがなお良いですが、本質的にはなくても支障ありません。大事なことは、今処理が進行していることが分かり、完了までの大まかな目安が提示されていることです。それが分かることで、ユーザーは辛抱して「待つ」ことができます。

4.7

ひとつ戻る、最初に戻る

いつでも「戻れる」ようにしよう。

新しいWebサイトやアプリを使うことは、例えるならば、新しい街や新しい施設にやってくるようなものです。迷うことなく移動するためには、現在地を示した地図や、目印を示した標識が有効です。しかし、自信を持って移動するためにはむしろ、もと来た道に「必ず戻れる」という安心感のほうが大事かもしれません。もし迷ったら、ひとつ戻ってみる。そうすれば別の道を試すことができます。退路の確保ができていれば、自信を持って先に進めるというわけです。最悪の場合であっても、最初の出発点に戻ってやり直すことができるなら、さらに安心です。

Webサイトやアプリでも同様のことが言えます。ソフトウェアの操作は一方通行ではなく、進んでは戻るを繰り返しながら、検討しつつ進んでゆくものです。どうにもならなくなったら、ホームに戻る。いつでも戻れるようにすることは、インターフェースデザインの重要なポイントです。

迷ったら戻る、悩んだら戻る

どんな人が使ったとしても、最初から最後まで全く迷わず、操作に悩みや間違いがないインターフェースというものは、現実的にはほとんどありえません。というのは、Webサイトやアプリは、基本的に全世界に対して開かれているものです。しかし、人は皆それぞれ異なった文化的背景や経験を持っているので、全く同じ考え方をするとは限らないためです。

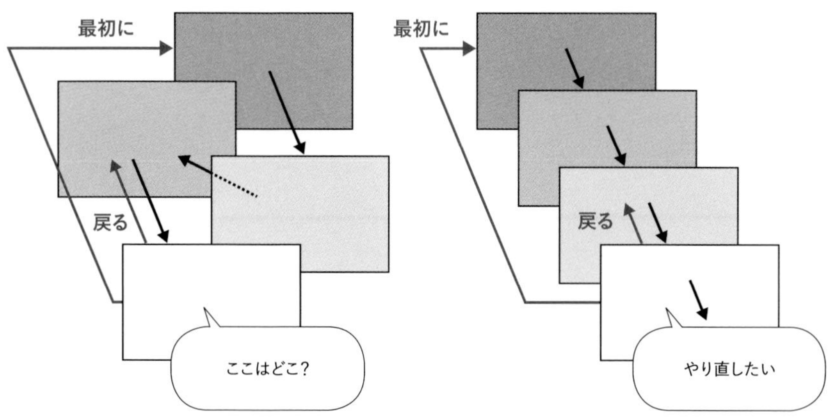

そのため、迷ったり悩んだり、あるいは間違えたときには、いつでも「戻れる」ようにしておくことが、サービスあるいはインターフェースとしては必要です。そして、戻り方には「ひとつ戻る（バック）」と「最初に戻る（ホーム）」の2種類があります。

場所が分からなくなったときには、まずひとつ戻ります。いくつか戻っても解決しない場合は、最初に戻ろうとします。同様に、操作が分からなかったり間違えたときには、ひとつ戻ります。どうにもできそうになければ、最初に戻ります。電車の券売機から、Webサイトやアプリまで、一般的なインターフェースでは「ひとつ戻る（バック）」と「最初に戻る（ホーム）」の両者を備えています。

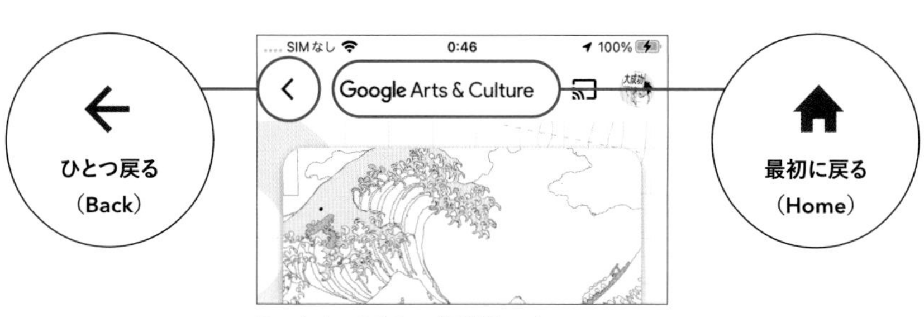

Google Arts & Culture（iOS/iPhone）

「ひとつ戻る」と「最初に戻る」を担保する

サービスやインターフェースには「ひとつ戻る（バック）」と「最初に戻る（ホーム）」の2つが必要ですが、実質的にそれらが担保されているのであれば、どんな形であっても問題はありません。

URL https://www.apple.com/jp/ipad-mini/

はてなブックマーク（Android）

例えば、Webサイトでは「サービスロゴ」のリンク先が、習慣的にサービストップに設定されています。それによって、実質的な「最初に戻る」機能を、ロゴが担保しています。アプリであってもこの方法はよく取り入れられています。他にも、スライドメニュー内にホームリンクを設置する形であっても、問題はないでしょう。

一方、「ひとつ戻る」機能は、デバイスやOSによってまちまちなので配慮が必要です。例えば、AndroidとiOS（iPhone）を比較すると、どちらも標準で「ホーム」ボタンを備えていますが、Androidには「戻る」がある一方で、iOSにはありません。この違いが、両者のインターフェースの決定的な違いを生んでいます。

なお、元Appleデザイナーの著書* によると、スティーブ・ジョブズは元来、iPhoneに「ホーム」ボタンだけでなく「戻る」ボタンも搭載すべきだと社内で強く主張していたとのことです。

* 『The One Device: The Secret History of the iPhone』（Brian Merchant著 ／Little, Brown and Company）

Android 設定

iOS 設定

「戻る」は標準装備されることが多い

「戻る」ボタンは重要な機能であるために、ハードウェアやOSレベルでカバーされていることが多く見られます。Webサイトを表示するブラウザは、必ず「戻る」ボタンを持っています。Apple TV などのTVデバイスを操作するリモコンにも、まず間違いなく「戻る」ボタンは標準装備されています。

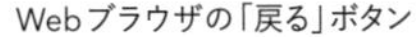
Webブラウザの「戻る」ボタン

AndroidがOSで持つ「戻る」ボタン

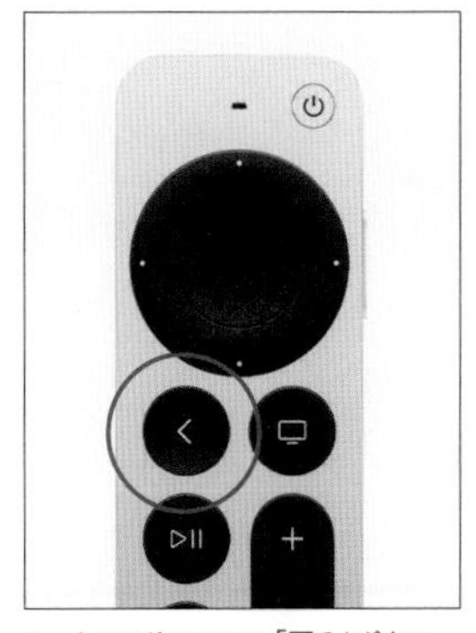
Apple TV リモコンの「戻る」ボタン

iOSでの注意点

問題になるのは、iOSアプリのインターフェースを検討する場合です。画面のどこかに「戻る」ボタンを置いて、ひとつ戻るための機能を担保する必要があるからです。逆に言うと、他のデバイスでは「戻る」ボタンを気にする必要性がはるかに小さくて済む、とも言えます。

特にApple純正のアプリでは、画面左端からのスワイプでも「ひとつ戻れる」ものが多くなりました。とはいえ、全てのアプリでその操作が保障されているわけではありません。「写真」アプリでは、スワイプは画像の切り替えに当てられています。

スワイプによる「戻る」はあくまで補助的手段として見なし、画面のどこかに「戻る」ボタンを設置する必要があります。Appleとしては画面左上を推奨していますが、アプリによって置き場所がまちまちなのが現状です。

写真（iOS）

ヤフオク（iOS）

4.8

ヘッダーとフッター

ナビゲーションの常設エリア。

「顔を見れば人となりが分かる」というのは至極最もなことだと思いますが、実は「足元」を見ても人柄が分かる、と言われています。カンザス大学の心理学教授は、異なる靴を履いた約200人の足元の写真を生徒たちに見せました。そしてその靴を履いた人に関して、社会的地位、性格、外向的または内向的かなどを推測して回答してもらいました。すると、生徒たちはほぼ全ての人の特性を靴から推測し、当てることができたということです。

ことにWebサイトでは同じことが当てはまります。顔や帽子はヘッダー、足元や靴はフッターにあたり、そこを見ればそのサービスの目的や役割、意図するところが分かります。そこには必ずそのサービスの概要や要点をまとめたものが載せてあり、そしてそれらはそのまま、サービスのナビゲーションとして使われることが一般的です。いつでも見られる、ナビゲーションの常設エリアとして、ヘッダーやフッターの重要性は不変なものです。

ヘッダーとフッターの役割

ナビゲーションとは、ユーザーがそのサービスで望む情報を探したり、機能を使ったりするのを、手助けするためのインターフェースの集合体です。ユーザーがサービスを使うのは、何らかの目的を果たすためであり、ナビゲーションそれ自体は、目的達成のための手段にすぎません。したがって、目的とする場所まで楽に到達できてコンテンツに集中できる状態が、インタラクションコスト（5-2参照）が最も小さい状態であり、ナビゲーションとしての理想的な姿と言えます。

URL https://www.apple.com/jp/

では、ナビゲーションを置くのにふさわしい場所はどこでしょうか。Webサイトであれば、その場所は「ヘッダー」だと言えます。ヘッダーが上手く作られているWebサイトでは、迷うことなく使いやすいサービスが提供できます。また、補助的なナビゲーションの置き場所としては「フッター」がふさわしいでしょう。

ヘッダーはサービスの全体図

ヘッダーを見れば、そこがどういったことを扱っているサービスか分かります。また、ヘッダーに書かれている記述そのものがナビゲーションであり、直接その対象へ移動できます。言わば、ヘッダーはサービスの全体図のようなものです。したがって、ヘッダーは「メインナビゲーション」として使われるだけでなく、サービスの概要を伝える「ブランド認知」の役割も担っています。

URL https://www.mazda.co.jp/

URL https://www.otsuka.co.jp/

ヘッダーの格納、上部張り付き

スクロールによらずヘッダーが画面上部に張り付いたり（固定ヘッダー/スティッキー・ヘッダー）、スクロール中は消えているものの逆スクロールでヘッダーが現れるなど、ヘッダーは画面最上部だけでなく、どこからでもアクセスできるように工夫されているものも多くあります。これらはみな、ヘッダーのナビゲーションとしての重要性を示しています。

URL https://rirus.jp/

メガドロップダウンメニュー

　メガドロップダウンメニューは、通常のドロップダウンよりも大きなスペースを使って、階層化されたページを俯瞰的に表現するものです。写真やアイコンを使ってさらに分かりやすく見せることもできるので、特にPCでは今でも効果的な手法です。置き場所に制約はないですが、一般的にヘッダーに設置するのが最も有効です。

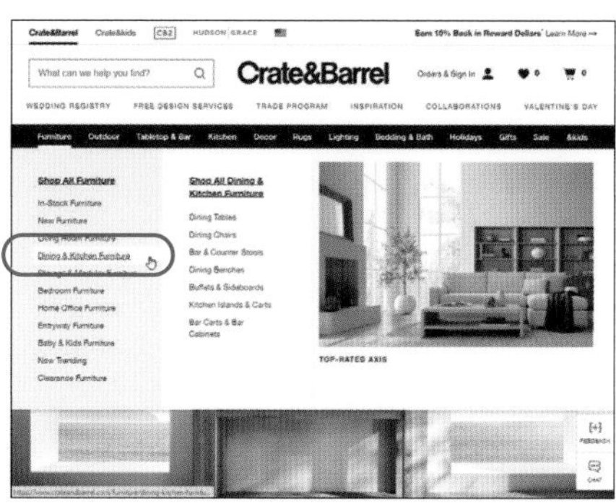

URL https://www.crateandbarrel.com/

左メニュー（左ヘッダー）

　一般的にヘッダーは画面の上部に置かれますが、画面の左側に置いても、本質的な役割は同じです。工夫次第で、魅力的なレイアウトを実現できる可能性があります。またTVのように、画面の縦横比が横長固定である場合には、左側にメニューを設置して、それにヘッダーと同じ役割を担わせるレイアウトも、使いやすくて良い手法です。なお、TVと左メニューレイアウトの相性が良い理由のひとつは、TVがリモコンでフォーカスをコントロールするインターフェースであることにも関係しています。

U-NEXT（Android TV）

URL https://yappli.co.jp/

フッターは補助的ツールの集積所

Webサイトにおけるフッターは、サービスの最後に共通して置かれる常設エリアです。スクロールの最後で見せるエリアなのでメインのナビゲーションを置くことはできませんが、その反面、役に立つものであれば何でも置いて構わないという、使い勝手の良さがあります。

Webサービスのサイトマップ

フッターの有用性を端的に表しているのが、このエリアに設置されるサイトマップです。フッターは基本的にどのページであっても同一なので、どこであれ迷ったときに見てもらえるサイトマップは、フッターに置くコンテンツとしてうってつけです。

URL https://www.mazda.co.jp/

「パンくず」の置き場所として

そのページの現在地を示す「パンくず」は、旧来ヘッダーに置かれるものでした。しかし、ヘッダー付近のビジュアルをより強く立たせたかったり、パンくずを目立たせたくない場合では、フッターに置いたほうがふさわしい場合もあります。

URL https://www.casio.com/jp/watches/gshock/

各種ツール&補助的手段の置き場所として

規約やサイトポリシーだけでなく、サービス内のどこであっても使うことがありえる補助的手段の置き場所としては、フッターが最適です。言語切替、告知、関連サービスの紹介、問い合わせ先、どんなものでもサービスとして全ページ共通で置きたいものは、載せてよいでしょう。

国や言語の切り替え

URL https://www.amazon.co.jp/

SNSやアプリの告知

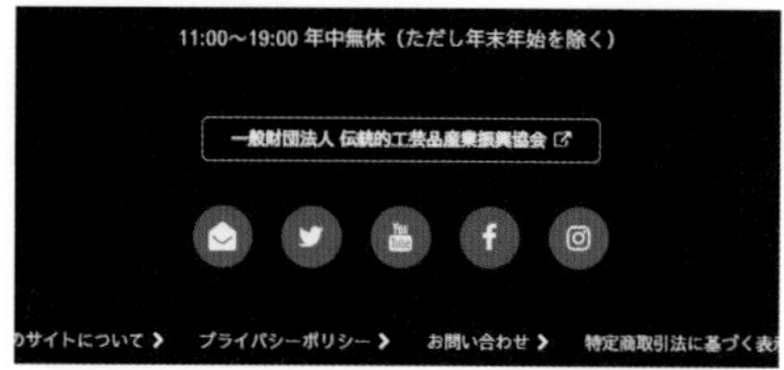

URL https://kougeihin.jp/

関連するWebサイトの紹介

URL https://happy-photo-studio.jp/

連絡先や問い合わせの提供

URL http://www.town.matsumae.hokkaido.jp/

フッターにたどり着けない場合の対策

時事的なコンテンツを扱うサービスなどでは、スクロールが無限に繰り返され、そもそもフッターまでたどり着けない場合があります。そのようなときには、左右のスライドメニュー内にフッターの要素を格納したり、無限に続くスクロールを段階的に見せたりするといった対処が必要です。

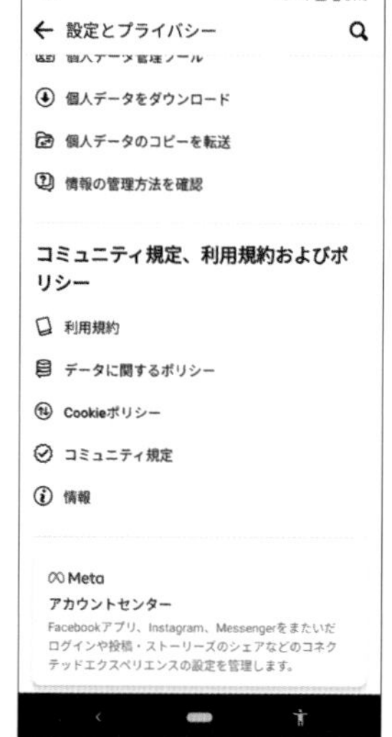

facebook（Android）

URL https://www.google.com/

4.9

割り込み

使い方いろいろ、便利な小窓と引出し。

Webサイトやアプリを、ある種の「お店」と見立ててみましょう。事実、「ECサイト」や「フリーマーケットアプリ」などは、インターネット上に展開されたお店そのものです。お店での主役は、もちろん商品です。何百、何千、あるいは何万点と、商品は並べられるでしょう。しかし、それだけの商品数があれば、ほとんど全てが埋もれてしまい、目にされないものも多く出てきてしまいます。

そこで役立つのが「引き出し」や「看板」やといった脇役たちです。Webサイトやアプリでいえば、引き出しはインレイ、看板はオーバーレイに相当します。大きな分類でまとめて引き出しに突っ込んでおき、ラベルを見て必要なときだけ選んでもらう。特におすすめの商品や積極的に伝えたい商品を看板として告知する。インレイやオーバーレイは、主役ではないものの、使い方次第で便利なユーティリティです。

2種類の割り込み

「割り込み」とは、その画面にとどまりながら別のことができる、インターフェースの拡張です。わざわざ別の画面に行って戻って来る必要がなくなるため、上手く使うことで余計なインタラクションコスト（5-2参照）の増加を抑えることができます。割り込みには、大きく分けて2種類があります。

オーバーレイ

　ひとつはオーバーレイです。ポップアップやツールチップなど、いくつかの呼称がありますが、基本的には皆同じであり、表示している画面の上層に乗せて表示するタイプの割り込みです。オーバーレイの下にはもとのページがそのまま残っているので、オーバーレイを閉じれば、すぐに先ほどの続きに復帰できます。

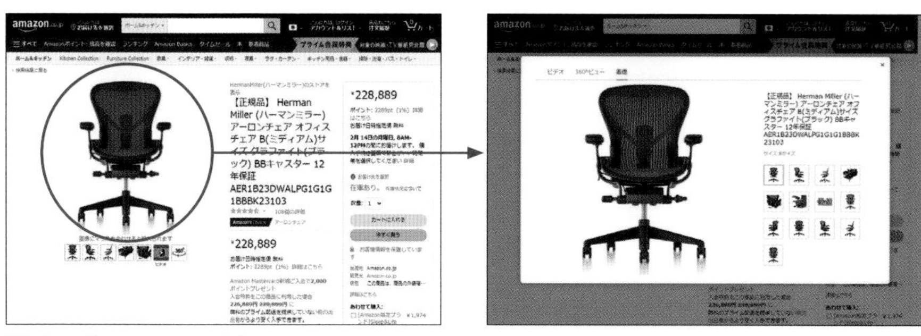

URL https://www.amazon.co.jp/

インレイ

　もうひとつがインレイです。画面内に差し込まれるタイプの割り込みで、ユーザー自身の意思で、自由に開閉できるエリアです。インレイを展開することで、隠れていた情報が表示されます。インレイは展開した分のコンテンツを下に押し下げてしまいますが、オーバーレイのように画面の上に重なることはありません。

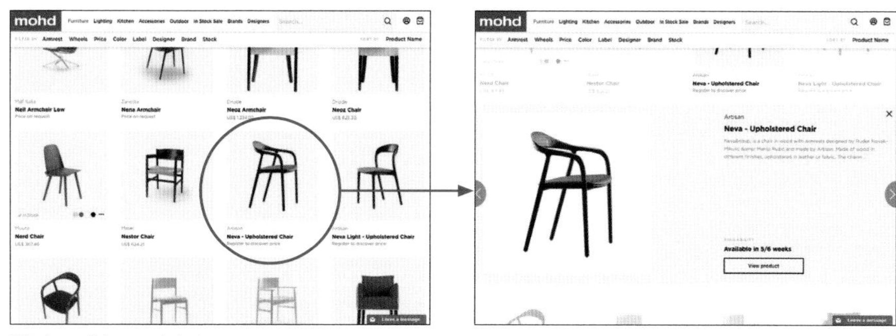

URL https://shop.mohd.it/

オーバーレイ

強制的な割り込みでユーザーから意識と操作を奪う

オーバーレイの特徴は、強制力が強いことです。オーバーレイには「全画面で割り込むタイプ」と「部分的に割り込むタイプ」の2つがあります。前者の場合、それまで見ていた情報や操作を全て押しのけて、強制的にオーバーレイの側だけにユーザーの意識と操作を振り向けることができます。使い方次第ではありますが、とても効果の高いインターフェースであることには違いありません。

URL https://www.amazon.co.jp/

特定の操作をユーザーが行う必要があるときに

初回起動時などで、どうしてもユーザーに行ってもらう必要がある操作では、オーバーレイの強制力が有効です。ユーザーの属性入力、絶対に知っておいてほしい告知事項、アプリケーションの概要説明などでは、オーバーレイが上手くフィットするでしょう。表示されたガイドを見終わるか、オーバーレイを強制的に閉じない限りは、次の操作に移ることができないからです。

NewsPicks（iOS/iPhone）

マクドナルド（Android）

補助的手段を提供するときに

「部分的に割り込むタイプ」のオーバーレイは、ユーザーから強制的に操作を奪わないために、補助的なツールを提供する手法としてよく使われます。Wikipediaでは、記事中のリンクをホバー（マウスオーバー）すると、リンク先の情報を、小窓（ツールチップ）のオーバーレイとして表示してくれます。ホバーが外れると、小窓は自動的に閉じます。全画面ではなく部分的な割り込みにとどめることで、操作の利便性を向上させています。

URL https://store.google.com/?hl=ja

画面追従型のオーバーレイは、使い方を誤ると煩わしい存在に

画面をスクロールしても追従してくる「上部張り付きのヘッダー（スティッキー・ヘッダー）」や、画面下部に居続ける「告知エリア」も、部分的な割り込みであり、オーバーレイのひとつです。上手く使えば、どこからでもアクセスできる便利なナビゲーションとなり得ますが、使い方を誤ると、画面のすみに居続ける目障りな広告ともなり得ます。

ユーザーの意識や操作を奪ったり、便利なツールになったりと、オーバーレイは使い方によっては存在意義が大きく変わってしまうインターフェースなので、注意が必要です。

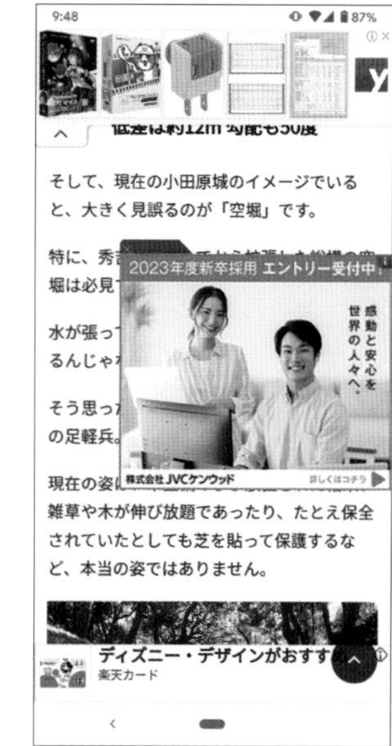

URL https://bushoojapan.com/bushoo/war/2022/03/01/78395

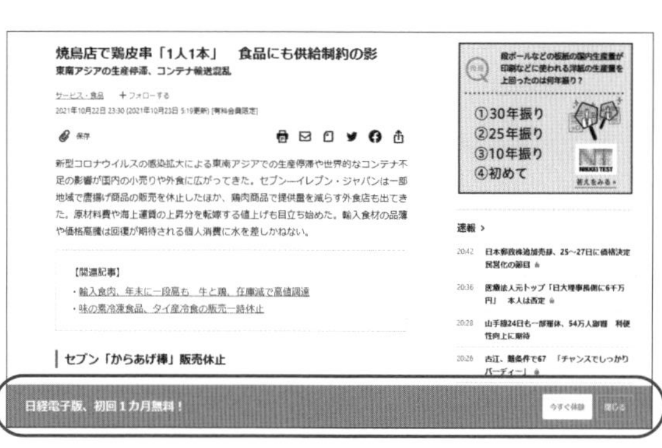

URL https://www.nikkei.com/

インレイ

インレイはユーザーの意思による任意の割り込み展開

インレイとは画面内に差し込まれる割り込みであり、ユーザーの意思で自由に開閉できるエリアです。展開することで、隠されていた情報が表示されます。インレイの特徴は、オーバーレイのようにユーザーから強制的に操作を奪ったりせず、エリアを開きっぱなしに放置したままでも、そのままページの操作を進められることです。またオーバーレイとは違って、インレイはコンテンツを押し下げるだけなので、ページの上に重なることがありません。

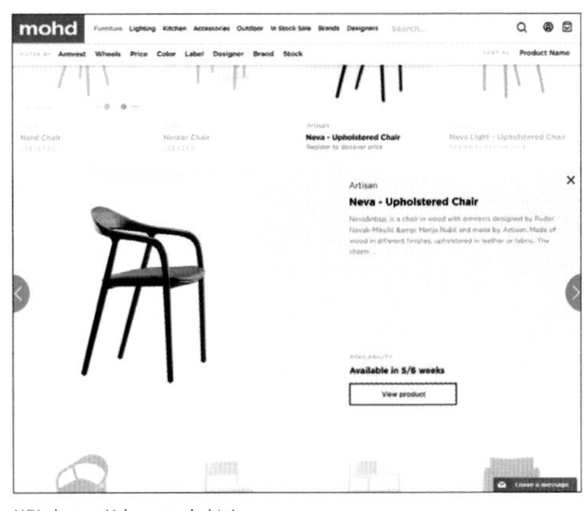

URL https://shop.mohd.it/

始めに閉じているものを開くためであり、その逆が目的ではない

インレイの基本的な使い方は、長すぎるものを短くたたんでおくことです。長すぎるものは一覧性に支障があるので、それを避けるために、巻物や本のように、タイトルだけを見せて並べておき、必要なものだけを展開する、というのがインレイの基本方針です。そのため、インレイは一般的に最初から閉じているものです。閉じているものを広げるのが主目的であって、広がっているものを閉じることは可能ですが、それが本来の役割ではありません。

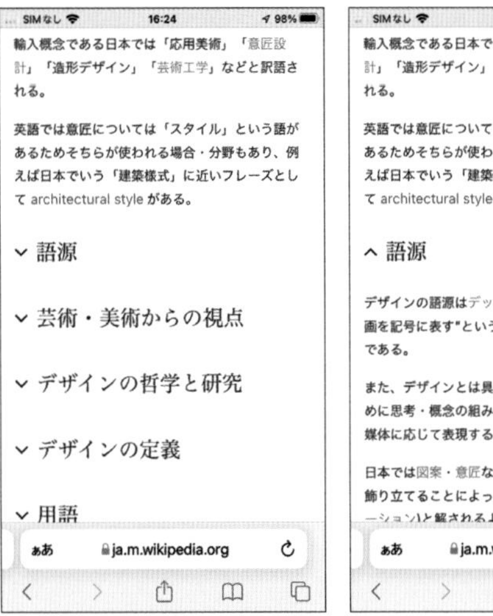

URL https://ja.wikipedia.org/wiki/デザイン

アコーディオン：最もポピュラーなインレイ

インレイの中でも特に、見出しテキスト部が蛇腹型に並んでいるインターフェースが「アコーディオン」です。必要な詳細情報だけが画面の上下に展開されるので、画面の左右が狭いスマートフォンでも重宝するインターフェースです。

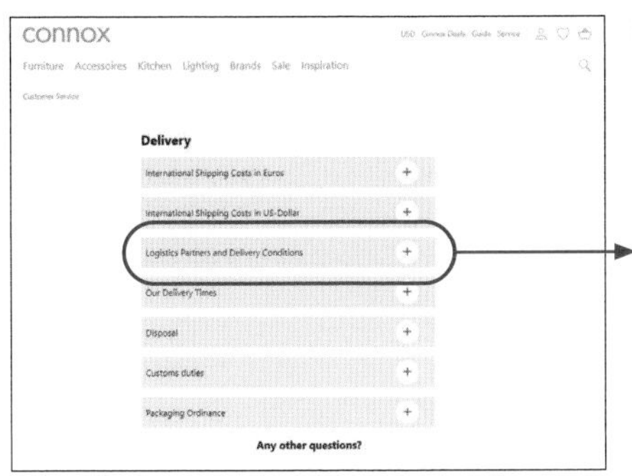

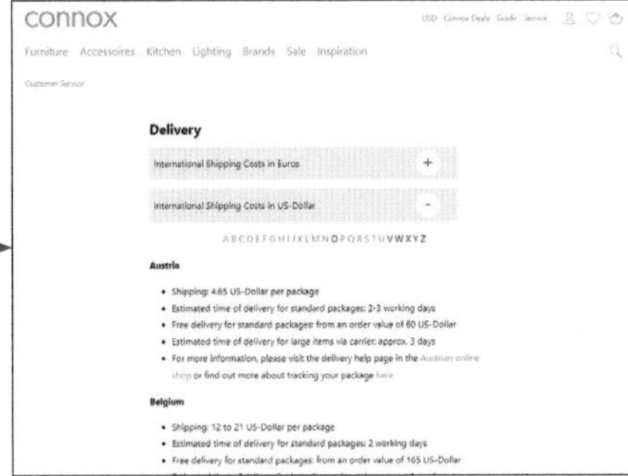

URL https://www.connox.com/help/delivery.html

アコーディオンの特徴は、ユーザーが詳細情報を見る前に全体像をつかめることです。上記の例は、60ページ分のスクロールが必要となる非常に長いページですが、見出しテキスト部のみをアコーディオンとして展開しているため、全体の概要がすぐに分かります。見出しによって、そこにある情報が自分の目的に関係あるものかどうかが明らかになるため、興味のあるセクションにユーザーは直接アクセスできます。またアコーディオンは、コンテンツの見出しとしてだけでなく、カテゴリツリーの表示などのナビゲーションとしても活用できます。

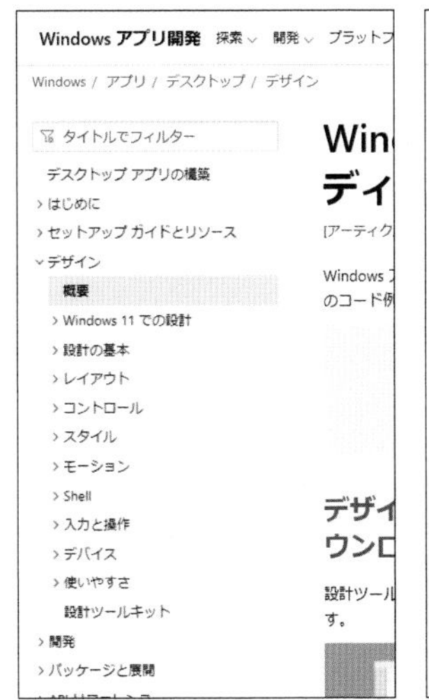

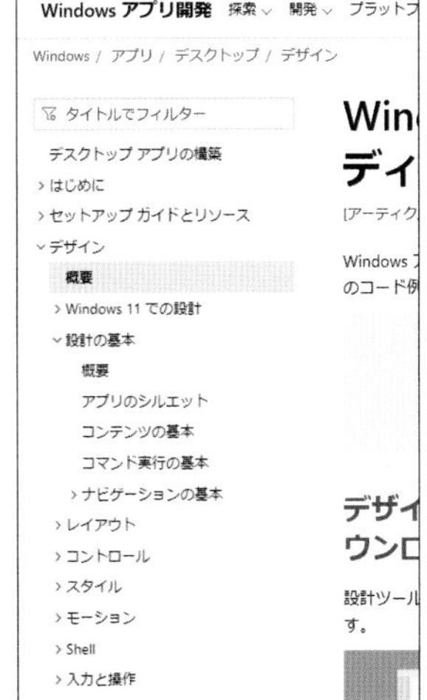

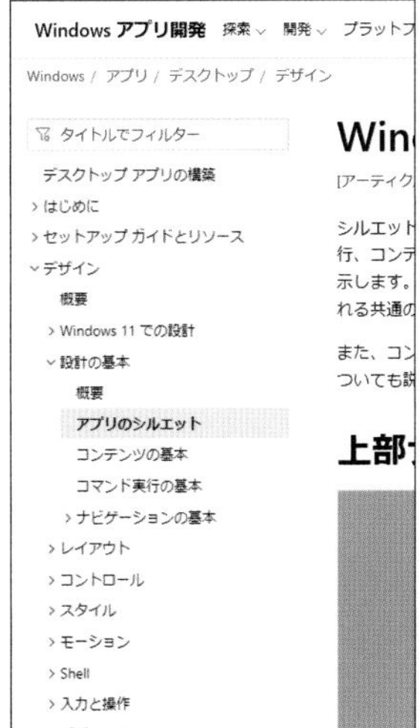

URL https://docs.microsoft.com/ja-jp/windows/apps/design/

4.10

スクロールとページング

徐々に見せるか、一度に見せるか。

英語で巻物のことをスクロールといい、本をめくることをページングといいます。巻物も本も、コンパクトに持ち運べる「情報の束」であることに違いはありませんが、実は、われわれが見ているWebサイトやアプリの大部分は、「本」ではなく「巻物」のほうが実情に近いものです。というのは、本はページごとに変化する情報であるのに対して、巻物は連続的に変化する情報だからです。

スクロールとページングは、どちらかが優れているというものではなく、それぞれ一長一短の特徴を持った、見せ方の種類に過ぎません。テキストであればスクロールのほうが良いことが多いでしょうし、画像や動画であれば、ページングのほうがふさわしい場面が多いかもしれません。コンテンツの種類や見せ方によって、より適切な方法を使っていくことが、インターフェースデザインのポイントになります。

コンテンツの見せ方は大きく2種類

画像であれ文字であれページであれ、コンテンツを見せる、あるいは切り替える方法は、大きく分けて2種類です。無段階に、連続的に変化する「スクロール」と、全体を一度に切り替える「ページング」です。

スクロール：無段階（リニア）に変化する

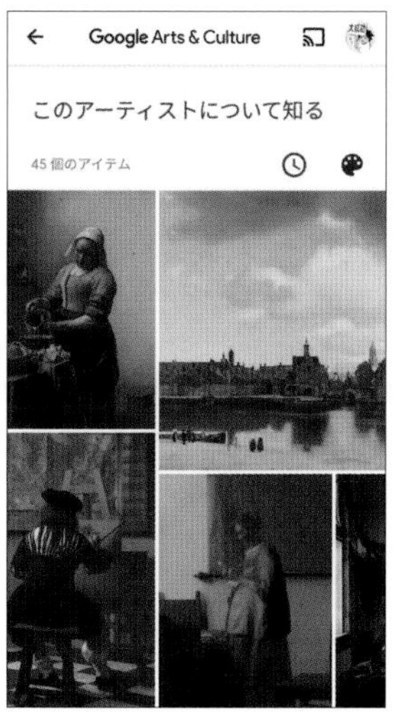

Google Arts & Culture（Android）

ページング：全体が一度に切り替わる

Pinterest（Android）

スクロール

スクロールは、無段階の連続的な変化です。文字や画像を含むほとんど全てのコンテンツは、スクロールによって表示されています。スクロールではユーザーの意思によって、画面の位置を好きな場所にコントロールできるので、コンテンツを読み込むのに適しています。

Googleアプリ（Android）

スクロールが縦なのは文字の流れの影響

Webサイトやアプリなどで、ほとんどのコンテンツは画面が縦にスクロールします。なぜかと言えば、文字が「左から右」に流れて、それが「上から下」へと続いている影響が最も大きく、それを大前提にして、ブラウザやOS、スマートフォンの画面の形なども設計されているからです。もし、文字が縦書き主流だったなら、スクロールが横向き主流であってもおかしくありません。

スクロールが横に使われる状況は限定的

縦に対して、横スクロールはあまり使われることがありません。その理由は、縦のスクロールがよく使われる理由と同じです。ただし、文字が少なく画像主体であったり、タッチやフォーカスでコントロールするデバイスであるならば、横スクロールのインターフェースは検討する余地があります。

Google Arts & Culture（Android）

無限スクロール（インクリメンタル・スクロール）

スクロールには、コンテンツの終わりがあるものとないものの、2種類があります。後者は無限にコンテンツが続くため、無限スクロール（インクリメンタル・スクロール）などと呼ばれ、時事的なコンテンツやSNS等でよく使われています。「もっと見る」を押すことで、段階的にスクロールを発生させるGoogle検索結果（スマートフォン）のようなタイプも存在します。

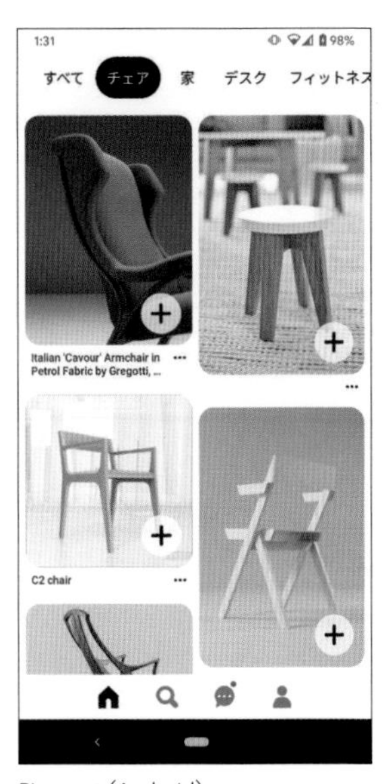

Pinterest (Android)

URL https://www.google.com/search

無限スクロールの難点は、コンテンツ末端とフッターが見れないこと

スクロールするごとに自動的に次が読み込まれ、コンテンツが際限なく続くタイプの無限スクロールでは、コンテンツの末端と、フッターを見ることができません。そのような場合では、フッターに相当する記載を、どこか別の場所に退避させておく必要があります。

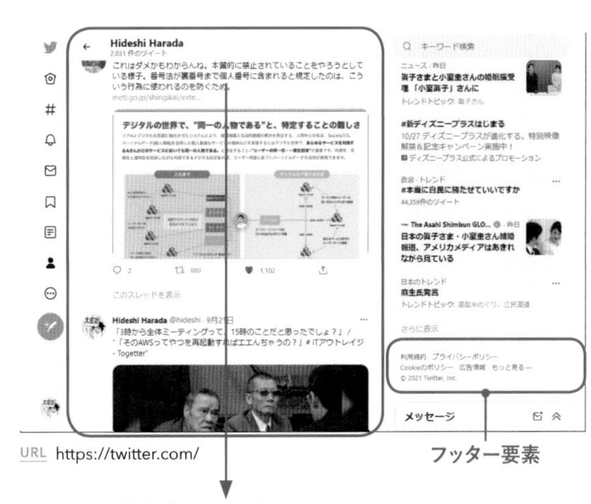

URL https://twitter.com/

ページング

ページングでは、画面全体を一度に切り替えます。ページングは、コンテンツを「見る」というよりも、「切り替える」といった使い方に向いています。

コンテンツやカテゴリの切り替えに使う

ページングは、カテゴリの切り替えや、記事の切り替えなどで使われるインターフェースです。スクロールが不要な、ひとつの画面内で収まるコンテンツ、例えば「写真」や「ポップアップで説明されたステップ」などにも使われます。

カテゴリの切り替え

Google ニュース（Android）

記事の切り替え

Pinterest（Android）

写真の切り替え

Google フォト（Android）

画面幅の狭さとスワイプ操作との親和性の高さから、スマートフォンで有効

片手で操作するスマートフォンでは、親指を使ってスワイプ操作するのに「ページング」がちょうどマッチします。画面幅の狭さとも相まって、スマートフォンではページングは特に便利なインターフェースです。

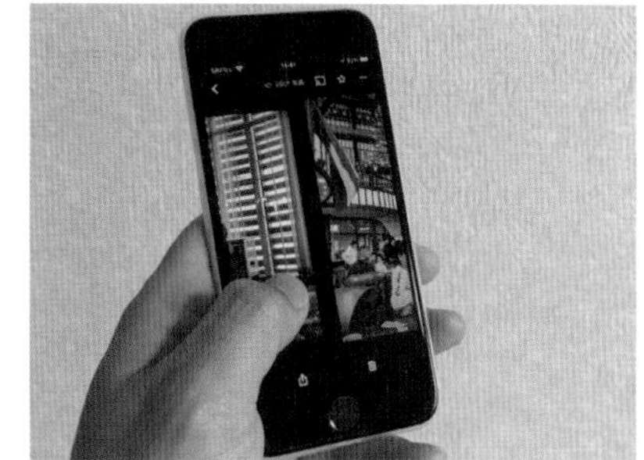

スワイプ操作

面として捉えたほうが良いときにはページング

ページングでは「面」としてコンテンツを捉えることができる側面があります。例えば、iOS（iPhone）やAndroidのホーム画面では、いくつものアプリアイコンが並んでいます。ユーザーはそれら全ての場所を覚えたりはしません。「何枚目」の「あのあたり」にある「あのアプリ」といった具合に、漠然とした位置関係を頼りに、目的のものを探します。こういった場合では、コンテンツが面として区切られたページングのほうが、スクロールよりも適しているでしょう。

iOSホーム画面

長いコンテンツの区切りとして使う

検索結果や長大な文章など、1ページに収めるにはあまりに長すぎるコンテンツの場合には、本のように、文章をある程度の分量で区切って、続きを次のページに送ります。このナビゲーションの名前は、文字通り「ページネーション:pagination（ページ送り）」と言います。一方で、「巻物」は英語でスクロールと言い、一切の区切りがなく、最後まで文章が続くものを指します。

URL https://www.google.com/

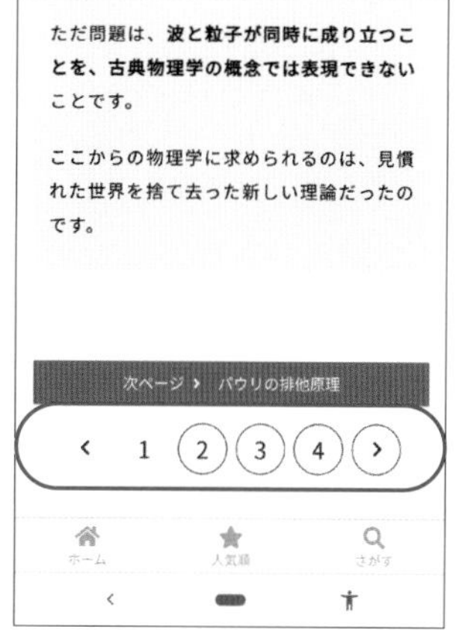

URL https://nazology.net/archives/99131

本：ページング

巻物：スクロール

スクロールとページングの関係

スクロールとページングは直交する

一般的な使い方では、スクロールはコンテンツの続きを見るためのインターフェース、対してページングはコンテンツを切り替えるためのインターフェースです。したがって、スクロールとページングは、基本的に直交することになります。

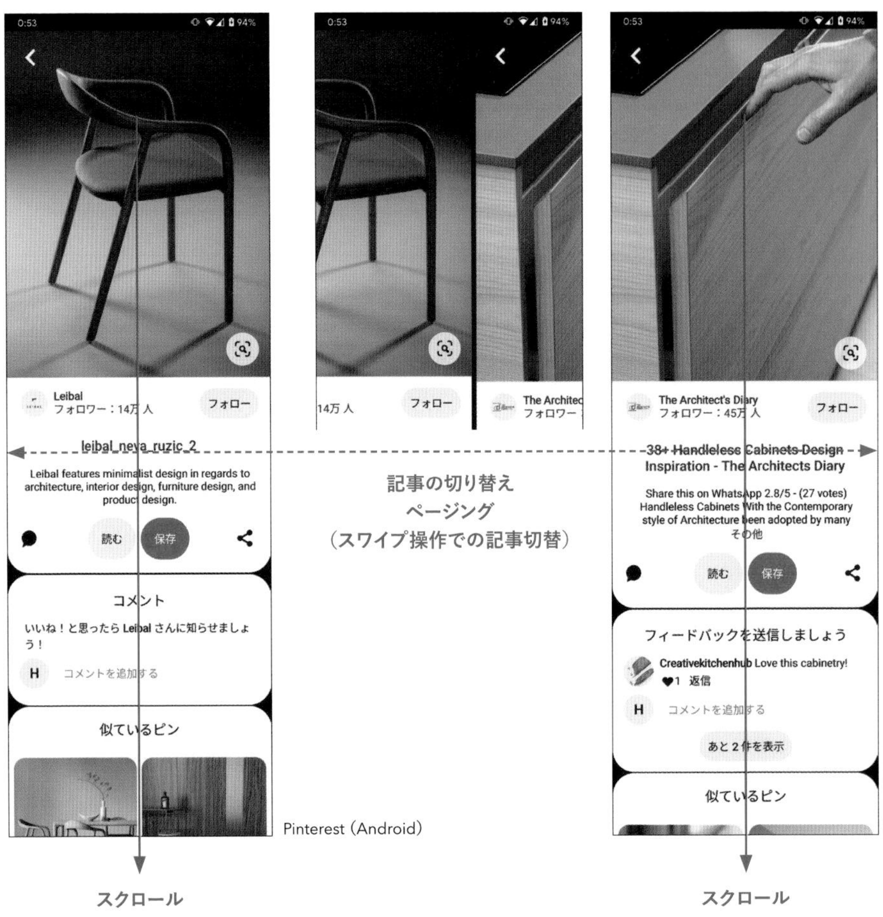

Pinterest (Android)

Pinterestでは､ひとつのコンテンツ（記事）が縦に長い､無限スクロールの形をとっています。あるコンテンツから次のコンテンツへの移動には、ひとつ前の「一覧ページ」に戻って次のコンテンツを選び直すだけでなく、左右のスワイプ操作によるページングでも、移動できるようにしています。スクロールが縦方向、ページングが横方向なので、両者は直交する位置関係にあります。

カテゴリの切り替えはページング、一覧はスクロール

他にも例えば、カテゴリ内にある「記事の一覧」をスクロールで表示するならば、「カテゴリそのもの」の切り替えはページングがふさわしいでしょう。片方の動きがスクロールなら、もう片方はページングにすると、両者の収まりがよくなります。

Google ニュース（Android）

Androidのホーム画面は、前述したiOSと同様に、横のページングで構成されています。ところが、対になる「アプリ一覧画面」も、かつては縦のページングで作られていました。近年ではこの組み合わせは見直され、ホーム画面は横のページング、アプリ一覧画面は縦のスクロールとなっています。

Android 5 アプリ一覧（縦ページング）

Android 11 アプリ一覧（縦スクロール）

カルーセル

スクロールあるいはページングの部分的な割り込み

カルーセルとは、言葉としてはメリーゴーランド（回転木馬）の意味であり、画面の一部分を使った、スクロールあるいはページングによる割り込みです。最も代表的なカルーセルは、トップページで大きく表示したい複数のビジュアルを、カルーセルによって展開するものでしょう。他にも、関連する情報などを見せたい場合に、部分的な割り込みとして使われます。

URL https://cybozu.co.jp/

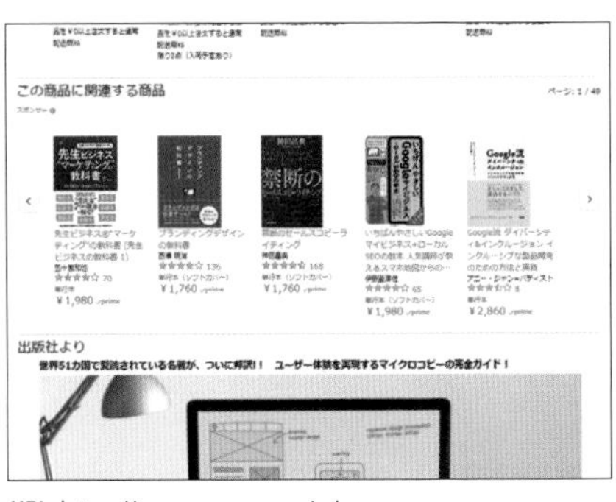

URL https://www.amazon.co.jp/

多段積みのカルーセル

カルーセルの特徴は、画面サイズの制約を受けずに、たくさんのコンテンツを載せることができる省スペース性です。また、カルーセル自体をたくさん設置しても、構造的に破綻することがありません。その特性を利用したインターフェースが、多段積みのカルーセルです。

このインターフェースは、画面サイズが小さいスマートフォンだけでなく、TVやPCでも使われます。画面を切り替えることなく、1ページにいくつもの異なる切り口の情報を、たくさん載せることができるからです。

Google Play（Android）

メルカリ（Android）

「多段積みカルーセル」と「ページング+スクロール」

いくつものカテゴリに分類した情報を、できるだけ多く提示したい、という普遍的なニーズを実現するためには、どういったやり方があるでしょうか。ここでは、「多段積みカルーセル」と「ページングとスクロール」の組み合わせという､2つのパターンを比較してみます。

多段積みカルーセル

Netflix (Android TV)

Netflix (Android)

ページング+スクロール

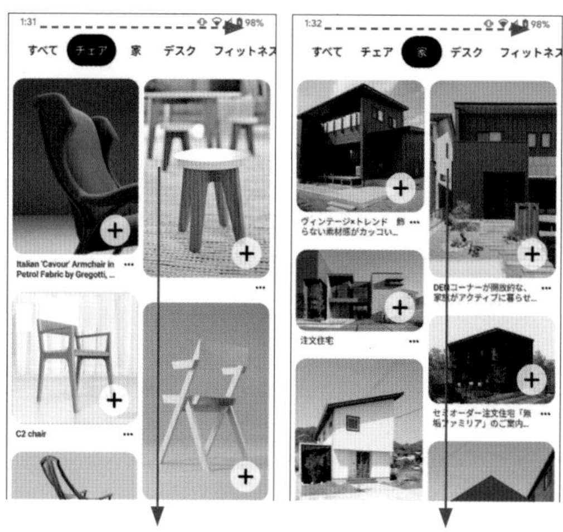

Pinterest (Android)

Netflixでは、デバイスがTVであれスマートフォンであれ、カルーセルを多用するところでは一貫しています。様々な切り口ごとの「動画」を提示しており、それを多段に積んで1画面でまとめています。Pinterestでは、カテゴリごとの「画像」を多数用意し、それを無限スクロールで展開しています。Netflixでは切り口の数を、Pinterestでは画像の数を、重視しているようです。

カテゴリごとに分類した大量の「何か」を展開したいという意味では、実現したいことはどちらも全く同じです。カルーセルを使って1ページで頑張って見せているのがNetflixであり、ページングを使って複数ページにまたがって展開するのがPinterestです。どちらがよりふさわしいかは､そのサービスの目的次第で変わります。

4.11

マルチデバイスデザイン

同一でなくとも、同等であること。

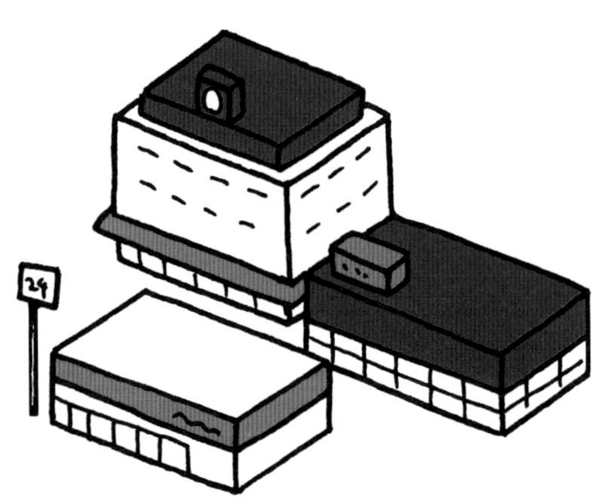

ものを買う場所は、目的と用途で変わります。手近に済ませるならコンビニで、毎日の食料品ならスーパー、ちゃんとしたものを揃えたいなら百貨店に行くでしょう。その一方で、例えば牛乳などはどの場所でも売っています。手に入れる場所や過程が違っていても、最終的に同じものを手に入れられるという意味では、それらは同等な存在です。

今では一人の人がいくつものデバイスを持つようになりました。机に座っているときはPCを使い、外にいるときはスマートフォンを、ミーティングなど大勢が集まる場ではTVを使って同じ映像を見るように、適材適所にデバイスを使いわけることが当たり前になっています。同じサービスであっても目的と用途によって、それぞれのデバイスにふさわしい形で展開することが、マルチデバイスでのサービス展開です。それぞれは決して同一ではないものの、同等ではあるのです。

複数のデバイスで、同じサービスを展開する

マルチデバイスとはいったい何でしょう。一言で言えば、それは複数のデバイスで同じサービスを展開することです。マルチデバイスデザインとは、その状況に応じて提供するサービスを最適にデザインすることです。

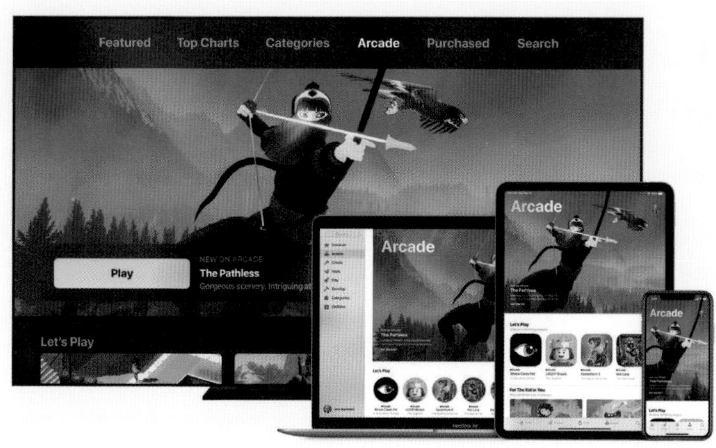

Apple Arcade

ユーザーは、いつもPCのある机の前に座っているわけではないし、移動しているときは大きな画面を目の前に用意できるわけでもありません。仕事の準備をするならばPCが優れているでしょうし、大人数で同じものを楽しみたいならTVに映すのが良いでしょう。その時々にあわせて、必要なデバイスで、必要なコンテンツを見て操作できればよいのです。

机の前　外出中　リビング

ユーザーがサービスを使うシチュエーションは様々です。それぞれのシチュエーションに適したデバイスから、それぞれに適したインターフェースで利用できることが、マルチデバイスデザインの大きな目的のひとつです。

同一ではなく、同等のことができる

マルチデバイスデザインで大事なことは、本質的なところでは同等でありながら、それぞれのデバイスの特性に従って異なっていることです。つまり、同じでありながら異なっている。矛盾するようですが、相反することが同時に必要とされるのが、マルチデバイスデザインです。

Spotify (iOS/iPhone, iPad, Mac app, Android TV)

ここで注意してほしいのは、「本質的には同等」という意味です。同じことができるのは大事ですが、インターフェースが同じである必要はありません。むしろ、それぞれのデバイスごとに最適化され、違っている必要があります。同一ではなく同等であるとは、そういうことです。

レスポンシブデザイン

Webサイトだけであれば、レスポンシブデザインは手軽で効率的な方法です。これも着眼点は同じで、全てを同じにするのではなく、ブラウザの幅に従って最適化する、つまり同等化しています。レスポンシブデザインのポイントは、「入力手段の違い」と「画面の大きさ」をセットで考えることです。ポインティング操作（PC）とタッチ操作（スマートフォンやタブレット）の境界となる画面幅を決めてから、個々のデバイスごとにデザインを調整します。

スマートフォン

タブレット

PC

URL https://seki-koumuten.co.jp/

デバイスの特徴や用途に従う

全てのサービスは、デバイスによって使う目的や状況が異なるものです。したがってそれぞれに適したインターフェースを考える必要があります。Googleの検索結果は、PCでは「ページネーション（ページ送り）」を、スマートフォンでは「もっと見る」による無限スクロールの形を、わざわざ使い分けています。これは、PCではたくさんの情報を調べる目的で、スマートフォンでは簡易的な操作を提供する目的で、それぞれの使用状況を踏まえて、より最適な操作方法を提供しているためと考えられます。

PC

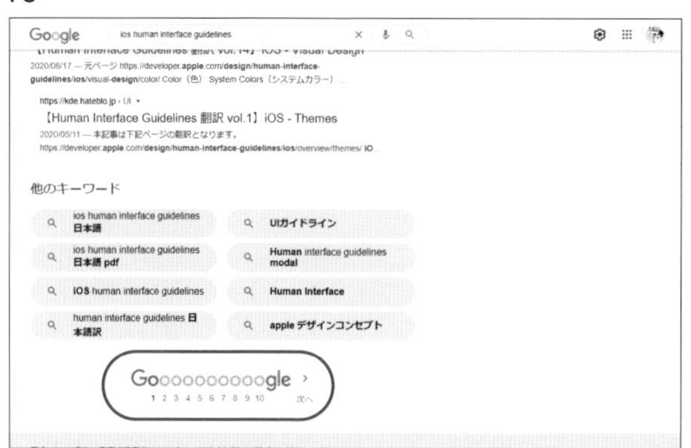

URL https://www.google.com/

スマートフォン

URL https://www.google.com/

持ち運ぶ前提のデバイス

スマートフォンやタブレットは、外に持ち運ぶことを前提としたデバイスです。Netflixでは、これらのデバイスではそれぞれの動画をダウンロードして、外出先や移動中、電波の届かない状況であっても視聴できるよう、特別な機能として提供しています。

スマートフォン

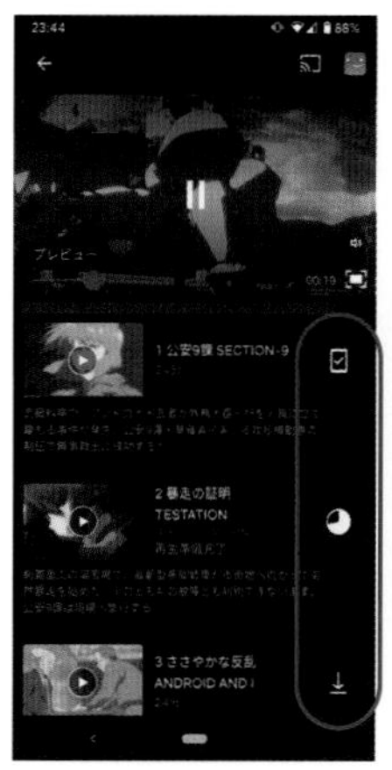

Netflix（Android）

タブレット

Netflix（iOS/iPad）

デバイスによってインターフェースを変える

機能が同じことと、インターフェースが同じことは、全く別の事柄です。画面の大きさも、入力手段も、使われるシチュエーションも異なるのであれば、それぞれのデバイスごとに最適なインターフェースも、当然異なっていなければなりません。

PCのインターフェース

URL https://www.youtube.com/

PCでは、画面が広いだけでなく、マウスなどのポインティングデバイスで細かい操作ができることから、他のデバイスよりもずっとデザインの自由度が高く、多様な操作ができます。それに対してTVは、そもそも映像を視聴するための専用機器であり、離れた場所から大勢で見ることを前提としているため、動画は全画面表示で、テキストやインターフェースの各パーツは全て大きめに作られます。フォーカス移動のために、それぞれのフォーカス要素が大きく離れないようなレイアウトの工夫も必要です。画面が黒基調なのは、TV特有の眩しさを避けるための配慮です。

TVのインターフェース

YouTube（Android TV）

スマートフォンとタブレットはどちらもタッチパネル

スマートフォンとタブレットは、入力手段が同じ「タッチ操作」なので、基本的なインターフェースも似通ってきます。指を使うので個々のパーツは大きめに、ホバーやフォーカスが存在しない分、選択できるところはより明快に判別できるようデザインする必要があります。

スマートフォンのインターフェース

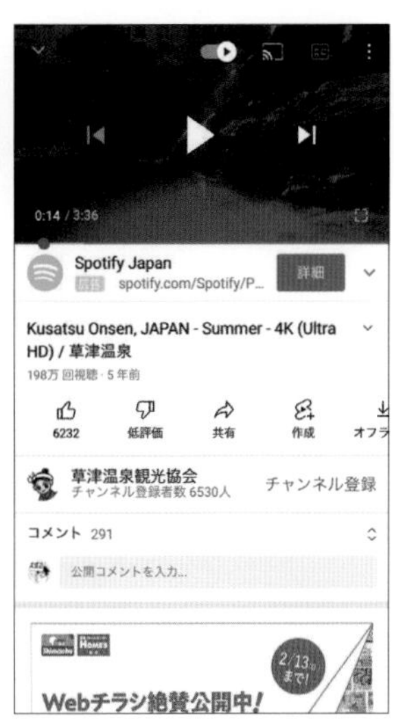

YouTube（iOS/iPhone）

タブレットのインターフェース

YouTube（iOS/iPad）

このように、同じサービスであってもインターフェースはこれほど異なります。ただし、どのデバイスであっても、基本的に使える機能は全て同じように担保されており、同等のサービスが提供されています。

デバイスを跨いで役割を補う

マルチデバイス環境が整っているサービスでは、単一のデバイスでは難しい機能でも、デバイスを跨くことで上手く補い合うことができます。

簡易入力を補う

リモコンを使うTVでは、ログインのためにメールアドレスやパスワードを入力することは、手間がかかるものです。Amazonの「Fire TV Stick」や「Prime Video」などでは、TVでのログイン時に「簡易的URLと6桁の英数字」や「QRコード」を表示します。スマートフォンなど別デバイスでURLにアクセスしてログイン後、英数字を入力することで、TV側でのログインを完了させせることができます。リモコン操作の煩わしさを回避するための方法です。

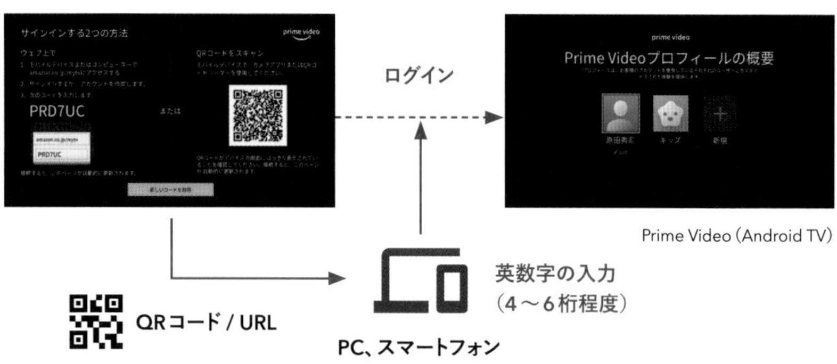

Prime Video (Android TV)

本人の特定を補う

何らかのサービスのログイン時に、より認証を強固にするため、パスワード以外の認証を求められることが増えています。本人特定に、スマートフォンの属人性を利用する方法は、今や一般的になりました。これもマルチデバイスとしての活用方法のひとつです。

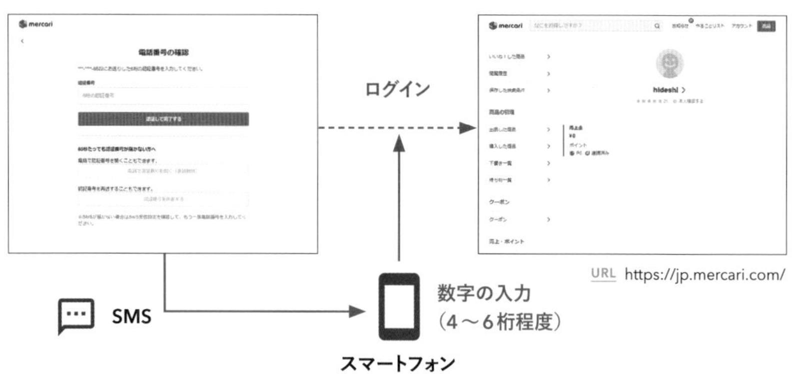

URL https://jp.mercari.com/

デバイスを跨いで機能を継承する

これまでは「使える」という機能性が、最も大事なことでした。今では「どのように使えるか」という可用性が、より価値のあることとなっています。端的に言えば、サービスの使い方の幅広さが求められています。Spotifyは、ユーザーがどのようなシチュエーションであっても、デバイスを跨いだ機能を提供しています。このシームレスなコンテンツの体験が、サービスの大きな付加価値となっています。

Spotify (iOS/iPhone)

Spotify (Mac app)

Spotify (Android TV)

サービスのミラーリング（複製展開）も、デバイスを跨いだ機能の継承です。Googleでは「Google Cast」で、Appleでは「AirPlay」によって、スマートフォンやPCの画面を、TV画面にミラーリングできます。場所や状況に応じてサービスをどのように提供できるのか。マルチデバイスの使い方によって、サービスの価値に幅が生まれます。

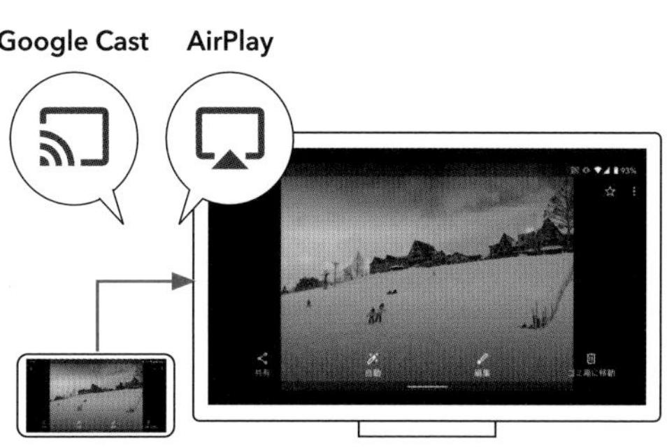

実例5　PC / スマートフォン / TVでの同サービス展開

PC、スマートフォン、TVのマルチデバイスによるショッピングサイトのサービス展開を行うことになりました。今回は、商品数があまり多くはないという観点から「検索」よりも「商品カテゴリ」を重視し、オーソドックスにカテゴリごとに掘り下げていくことで、どのようなモノを扱っているのかユーザーに理解してもらいつつ、魅力的な商品があったときには購入してもらおう、という方針です。

基本的に全てのデバイスで同じコンセプトを踏襲しつつ、それぞれのデバイスにマッチした構造、見せ方を検討します。PCとスマートフォンではレスポンシブ対応のWebサイト展開を基本としつつ、場合によってはスマートフォンではアプリでの展開も視野に入れておきます。TVではアプリだけでの展開を想定します。

協力：https://bbm.jp/

PC

PCは他のデバイスと比較して、デザインにおける制約が最も少ないので、かなり自由にデザインできます。商品カテゴリを主軸にするという考えから、横に一本の帯を敷いてメインのナビゲーションとし、そこに商品カテゴリを並べるという、もっとも普遍的なレイアウトにします。そして、それぞれのカテゴリを選択すると、カテゴリ内の商品一覧が表示されるのはもちろん、下層にあたるサブカテゴリも下に並ぶようにします。サブカテゴリを選択すれば、さらにそのサブカテゴリも同様に表示していきます。それら一連の動作を繰り返すという、比較的シンプルな構造です。

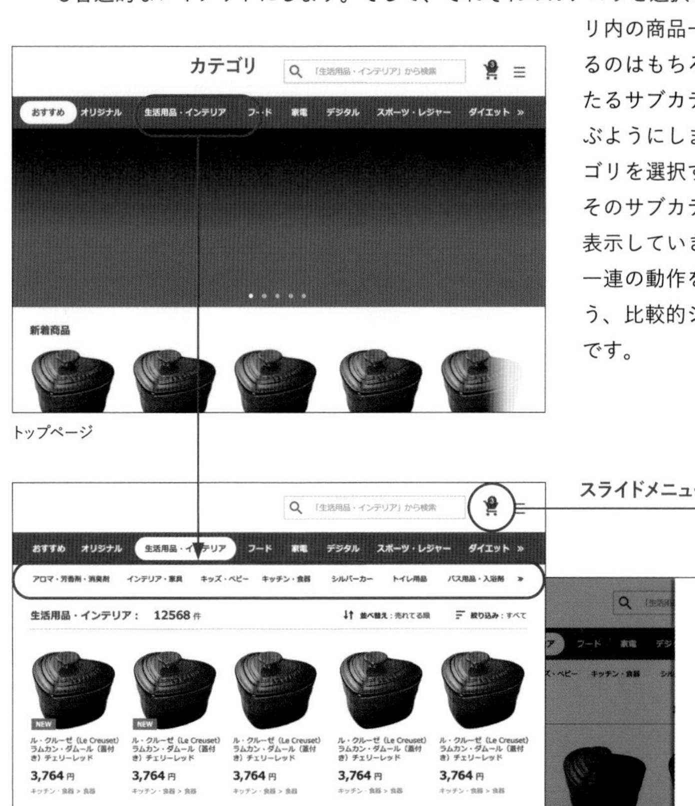

トップページ

カテゴリ商品一覧

スライドメニュー展開

商品の一覧表示では「並べ替え」と「絞り込み」をできるようにしておき、場合によっては、サムネイル形式とリスト形式の「表示切り替え」も検討します。お問い合わせやFAQなどは全て、右側のスライドメニュー内に格納しておきます。カートだけはヘッダーに常設です。

スマートフォン（Webサイト）

スマートフォンでも、基本的にPCと同等の機能を備えるようにデザインします。スマートフォンでは画面の横幅が狭いので、PCと同じように設計するだけでは不十分です。商品カテゴリを主軸に置きつつも、検索の優先度を上げて、ヘッダーを大きめに確保します。

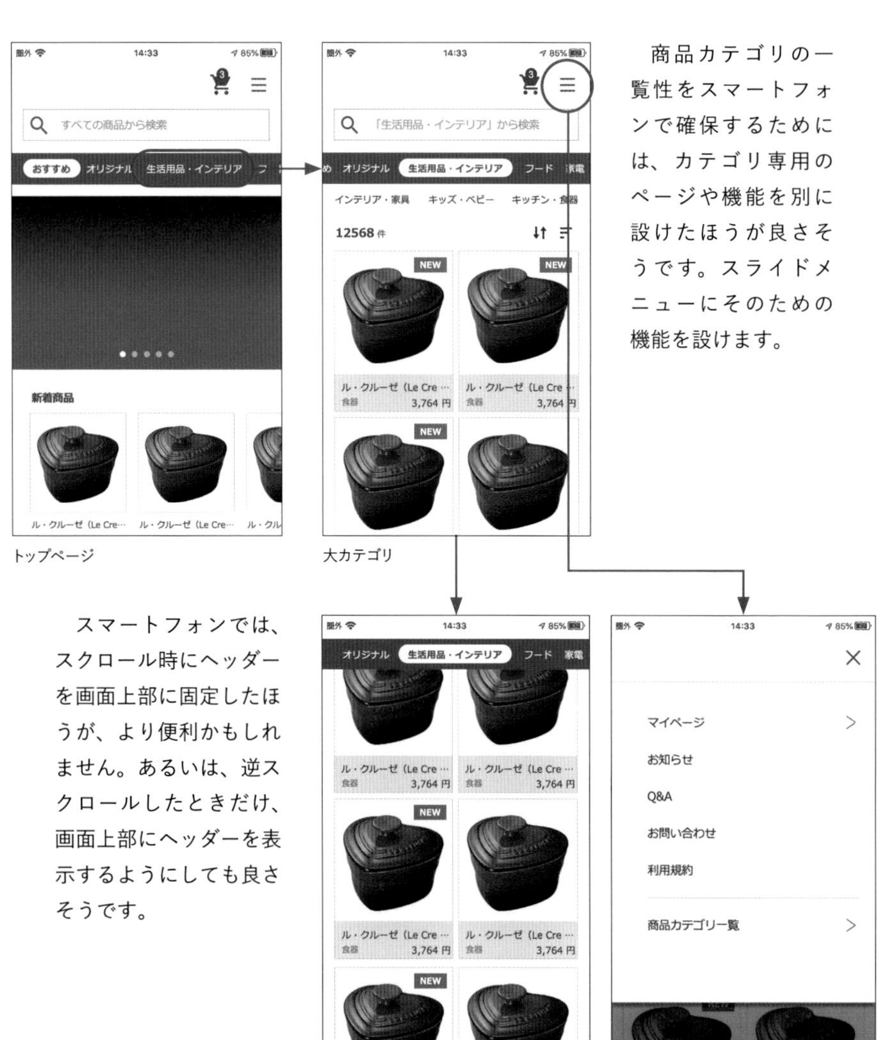

トップページ

大カテゴリ

スクロール時

スライドメニュー

商品カテゴリの一覧性をスマートフォンで確保するためには、カテゴリ専用のページや機能を別に設けたほうが良さそうです。スライドメニューにそのための機能を設けます。

スマートフォンでは、スクロール時にヘッダーを画面上部に固定したほうが、より便利かもしれません。あるいは、逆スクロールしたときだけ、画面上部にヘッダーを表示するようにしても良さそうです。

レスポンシブでWebサイトを実装するので、スライドメニュー内の構成は、基本的な構造をPCの場合と同一にします。商品カテゴリは、2段目のスライドメニューとして、さらに下層まで掘り続けられるようにします。

スライドメニュー

大カテゴリ

中カテゴリ

小カテゴリ

商品カテゴリのスライドになってからは、上下方向のアコーディオンを活用することで、これ以上の深い横方向のスライドを避けるようにします。アコーディオンで展開したカテゴリだけが、さらに下層のカテゴリを同じくアコーディオンで掘り続けられるようにします。

TV

TVはフォーカス移動によるインターフェースなので、最もデザイン上の制約が強く、PCやスマートフォンと同じようにはレイアウトできません。上下左右の移動だけを基本としつつも、同等の機能を担保できるように設計します。

トップページ

メインのナビゲーションを横一列の商品カテゴリとするところは同じですが、メインビジュアルはナビゲーションの上に置いたほうが、視覚的にも操作的にも良さそうです。これならば、上を押せばメインビジュアル、下を押せば商品やバナー、左右を押せばカテゴリ移動といった形にフォーカス移動を分配できます。

大カテゴリ

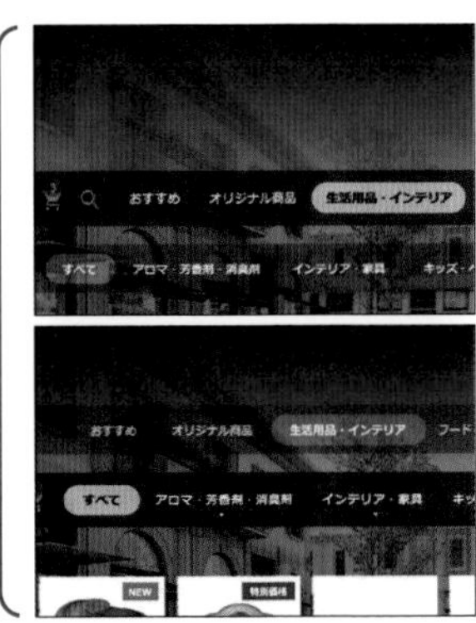

中カテゴリ

下を押してサブカテゴリに移動するときには、アニメーションをしっかりと作り込んで、フォーカスがどこからどこに移動したかを、感覚的に理解できるようにします。

仕上がり

これで、PC、スマートフォン、TVのそれぞれで、トップページから商品一覧までの展開を、同等の機能で揃えることができました。PCとスマートフォンは同じWebサイトをレスポンシブを展開するために、近しいデザインになっています。

PC（Webサイト）

スマートフォン（Webサイト）

TV（アプリ）

TVでは操作がリモコンのフォーカス移動なので、レイアウトだけでなく、検索やカートの位置、FAQなどの置き方にも独自の工夫を持たせています。利点としてはアプリでの実装前提なので、手間をかければ操作性の高いインターフェースを実現できる余地が大きいことです。

CHAPTER

5

分かりやすさ、使いやすさ

5.1

分からないとは

場所・操作・状態をつかめるようにしよう。

Webサイトやアプリを初めて触った人が「分からない」のは当然です。知らないことは分かりようがありません。ではなぜ、一般的なWebサイトやアプリを知っている人が、「分からない」状態になるのでしょうか。また「知る」と「分かる」の違いは、どこにあるのでしょうか。

まず「知る」とは、それまで持っていなかった知識を、新たに獲得することです。車を操作するための運転免許の取得には、運転ルールと操作方法を、新たに知る必要があります。そして「分かる」とは、知っているだけでなく、不明瞭な状態から、明瞭な状態へと認識が変化することです。車の運転でいえば、操作方法に一切の不安がなく、運転状況が理解できている姿です。Webサイトやアプリでの「分かる」に相当するものが「場所」「状態」「操作」の3つです。これらをユーザーが把握できること、その状態を維持できることで、「分からない」を回避し続けることができます。

「分からない」の3つの要因

見た目の格好良さやトレンドなどは時代とともに移り変わってゆきますが、ユーザーの根本的なニーズというものはいつも変わりません。ユーザーが必要としていることは、どこを操作すればどこに行けるのかを理解して、探している情報を見付けることだからです。

今どのあたりに居るのか　何をすればどう動くのか　どのドライブモードなのか

車で言えば､目的地まで運転するためには「今いる場所」「操作方法」「ドライブモード（状態）」これらを常に把握している必要があります。その状態が維持されていることで、初めて目的地まで車を運転することができます。もし、その「分かっている状態」が維持できなければ、目的地までたどり着けないだけでなく、安全に運転することもできないでしょう。

Pinterest (Android)　URL https://fonts.google.com/　Googleフォト（Android）

これらと同様のことが、Webサイトやアプリといったソフトウェア上でも当てはまります。分かっているという感覚が何によって担保されているかと言えば、「場所」「操作」「状態」の全てを把握できていることに拠っています。逆に言えば、これらのどれかがか欠けていたり、把握できていないときが、「分からない」状態だと言えるでしょう。

場所が分からない

場所が分からないとは、どういう状態でしょうか。ユーザーは、URLやパンくずを常に見ながらサービスを使っているわけではありません。前後関係のつながりやナビゲーションで変化した箇所、大まかな現在地（カレント）表記などを手がかりにしながら、今いる場所を感覚的に把握しつつ操作を進めています。そのため、「これがあるから必ず場所が分かる」とか、逆に「これがないから場所が分からない」というものではありません。「画面の印象が大きく変わった」だけでも、場所が分からなくなる感覚に陥ることがあるくらいです。

URL https://developer.android.com/about/versions/12

第2階層の見出しが消えたことによって表示位置が縦にズレる

第1階層の現在地が消え、第2階層そのものが全て消える

「Wear」を押したのに「デバイス」ページとして表示される

上の「Android Developers」のWebサイトは、使っているうちに場所が分からなくなってきます。あるページでは第2階層の表記が消え、別のページでは遷移元のリンクテキストと遷移先のページタイトルが異なっています。ナビゲーションの項目が全ページで揃っていないだけでなく、ナビゲーションエリアの天地幅もズレているページがあります。

現在地の手かがりを明示し、見せ方に一貫性をもたせる

先の Android Developers のWebサイトで場所が分からなくなる大きな理由は、ナビゲーションの見せ方に一貫性がないためです。「場所が分かる」とは客観的なものではなく、ユーザーの主観に拠るものです。カレント表記など現在地の手がかりを明示するだけでなく、その見せ方にも一貫性をもたせることで、場所を把握しやすくできるでしょう。下記のGoogleのマテリアルデザインのWebサイトは、強い一貫性のあるナビゲーションを備えているために、使っていて迷子になる感覚がありません。

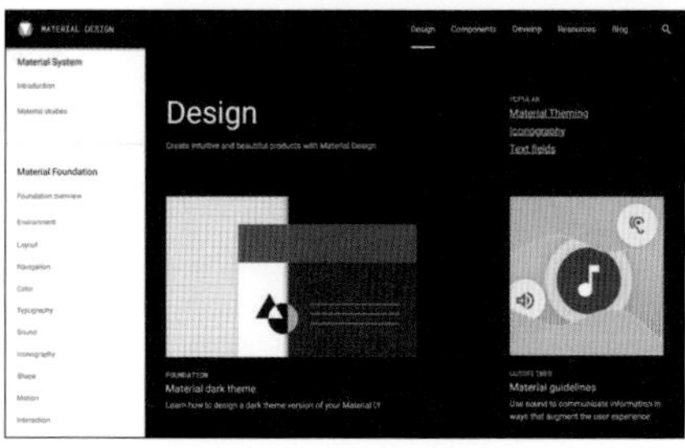

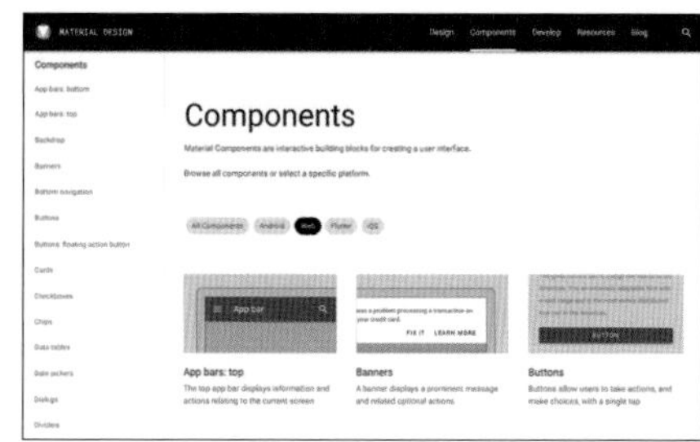

URL https://material.io/

画面中でフォーカス位置を見失う

もうひとつの「場所」が、画面中のフォーカス位置です。マウスを使っていてポインタの位置が分からなくなるユーザーはほぼいませんが、TV画面のフォーカス位置が分からなくなることは大いにありえます。フォーカスの移動では、途中の動きを示すアニメーションを加えると、どこからどこにフォーカス位置が変わったか分かりやすくなります。

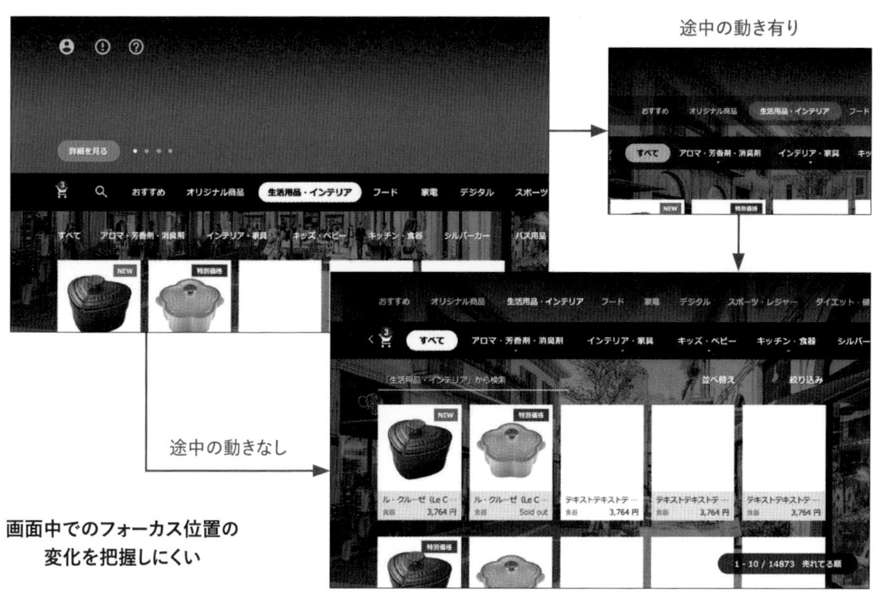

画面中でのフォーカス位置の
変化を把握しにくい

操作が分からない

操作が分からないとは、どういう状態でしょうか。細かく分類するといくつかの要因に分かれますが、ここでは、代表的な3つの例を挙げます。

結果の予測が立たず、使ってみるまで分からないこと

まずひとつ目が、こうすればこうなるだろうという予測が立たず、使ってみるまで結果が分からないことです。サービス内でのルールに一貫性がない場合、それまでの操作からの学習が効かず、常に試行錯誤を繰り返すことになります。

URL https://www1.touki.or.jp/gateway.html

一般的な使い方からズレていること

2つ目が、操作方法やアイコンの使い方が一般的な用法からズレていることです。三角アイコンはリンクであるとか、下線のテキストもリンクであるなど、ユーザーはそれまでに身につけた文化的な習慣に従って操作するので、それら一般的な用法から外れた使い方は不適切です。

渋滞ナビ（Android）

例えば「虫眼鏡アイコン」は、一般的に「検索」の意味で使われます。左の例では、虫眼鏡アイコンが「地域選択」のためのトリガーとして使われているために、ユーザーに違和感と、操作方法が分からないという印象を与えます。

次に行うアクションが不明瞭なこと

3つ目が、次に行うべき行動が分からないことです。下の例では、粗大ごみに出す品目を選択し終えたあとに、次に何をすればいいのか全く分からなくなります。この問題は、品目の選択後に押すべき「排出品目入力へ戻る」というボタンが最初から表示され続けていること、そのボタンが品目選択の上に位置していること、品目選択が終わったあとにボタンに何も変化がないことから生じています。

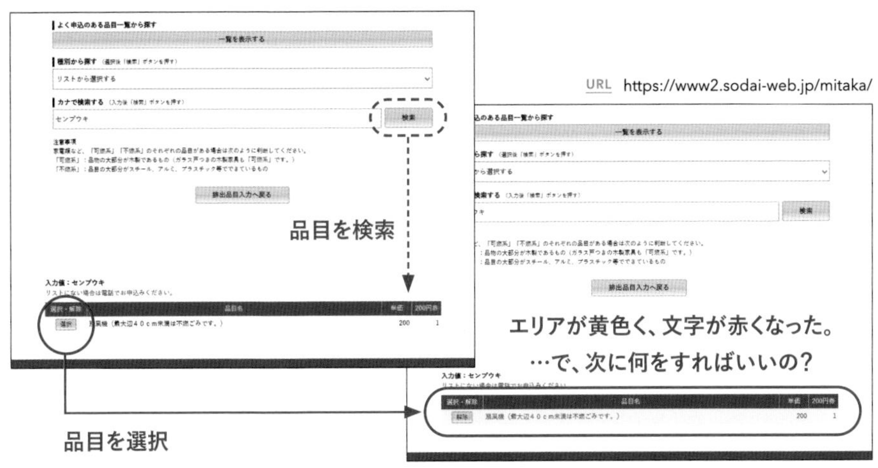

URL https://www2.sodai-web.jp/mitaka/

サービス内で一貫性を持たせ、普遍的なルールに従う

こういった「操作が分からない」インターフェースにしないためには、特に「サービス内での一貫性を持たせること」と「普遍的な用法に従うこと」という考えが重要です。一貫性を持たせると、サービス内のルールを学習することによって操作の予測ができるようになり、普遍的な用法に従うことで、そのサービスで特有のルールを不必要に強いることがなくなります。その結果、操作が分かりやすくなり、ひいては使いやすくもなります。

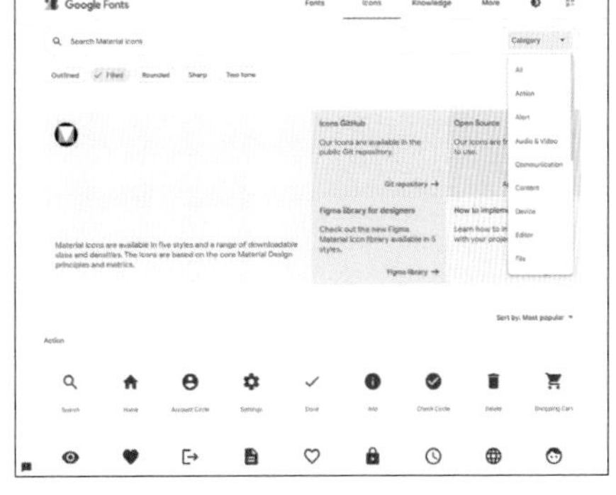

URL https://fonts.google.com/

状態が分からない

現在の状態（モード）を把握できないこと

「状態」というのは、いわゆる「モード」とも呼ばれる、今ユーザーがどういった状況にいるのかを表すことです。例えば、Zoomなどのオンラインミーティングツールでは、今マイクが無効な「ミュート（消音）」の状態にあるのか、それとも有効な状態にあるのかを、はっきりと知っておく必要があります。また同時に、それを切り替える方法が分かっている必要もあります。しかし右のような表示では、この2択の状況ではしばしば、それが今「消音」の状態を示しているのか、それとも「消音」するための操作を示しているのかが、分かりにくくなります。

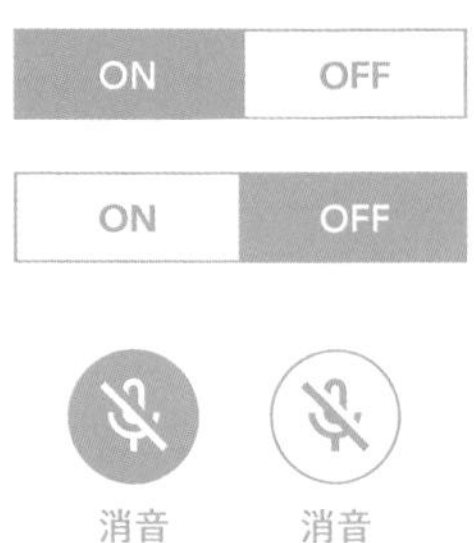

「状態」と「操作」の表現を分離する

この問題は往々にして、「状態」と「操作」を分けて表現することで解決できます。ボタンが状態を表しているのか、それとも操作を表しているのか、両者を混在させず片方に絞ることで、状態と操作をより分かりやすくすることができます。また他にも、例えばGoogleフォトでは、画像を選択する状態（モード）に移行したときには、はっきりと画面の見え方を変化させています。そうすることで、操作体系が変わったことをユーザーに提示しています。

Googleフォト（Android）

「分かりやすさ」と「使いやすさ」は相関する

「使いやすくしてほしい」という、より本質的な依頼を仕事でもよく受けますが、「分かりやすくしてほしい」という依頼は、使いやすさよりも頻度が少ないものです。あってもせいぜい、見た目として何かを目立たせたいとか、ある画面を整理したい、といった程度のものでした。

しかし実際のところ、分からなければ使いにくいものですし、分かりやすければ使いやすいものです。両者は相関しており、どちらか片方だけが優れているということは、基本的にありません。大きな観点で見れば、使いやすさの中には、分かりやすさが包含されているものです。まずは分かりやすくすることが、使いやすくすることのファーストステップでしょう。

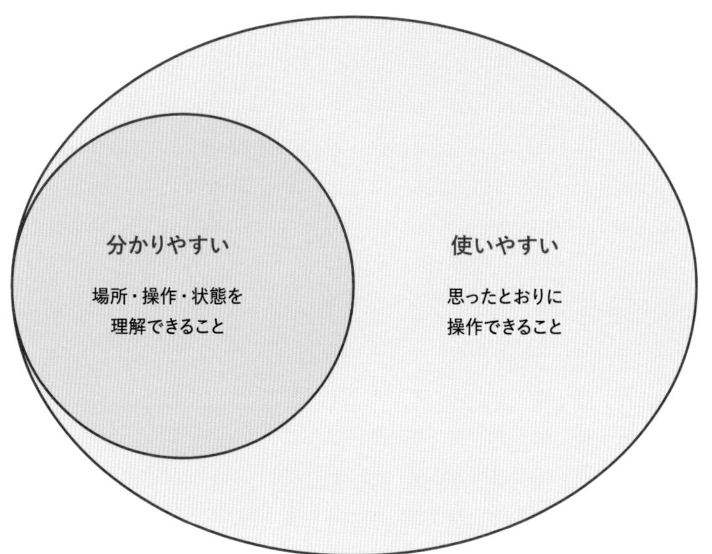

分かりやすさは「認知負荷」の課題であり、使いやすさいはそれに加えて「身体的負荷」や他の要因をさらに加味した課題です。認知負荷と身体的負荷の両者を合算したものが「インタラクションコスト」（5-2参照）であり、使いやすさの良し悪しを測るためのバロメーターとなります。使いやすいインターフェースとは、インタラクションコストがより少なくて済むインターフェースに他なりません。インタラクションコストについては、次節で詳しく説明していきます。

5.2

インタラクションコスト

アタマの負荷と、カラダの負荷。

われわれは生きているだけでエネルギーを消費しています。料理を作るにせよ、服を着て歩くにせよ、スマートフォンで買い物をするにせよ、どんなときも労力を払って、その時々の目的を叶えています。何らかのツールや道具といったものの良し悪しとなる目安のひとつは、効果が高いものか、操作が容易なものではないかと筆者はしばしば考えます。別の言い方をすれば、アウトプットのパフォーマンスが高いものか、インプットのコストが低いものです。そして、使いやすさや分かりやすさというユーザーインターフェースの分野は、後者に属することです。

ほとんど何も考えることなく、全身は脱力しつつ、それでも迷うことなく、間違えずに使うことができる。そのような、極端にインプットのコストが抑えられたインターフェースが実現できたなら、それはユーザーインターフェースのデザインとしては大成功と言えるのではないでしょうか。

操作で支払うコスト

ユーザーはインターフェースを操作するときに、意味を考え、理解し、それに従って手や指を動かしながら操作します。つまりインターフェースの操作では、いつもアタマとカラダを使っています。

この2つの領域で支払うコスト（負荷）、つまりアタマで使う負荷と、カラダで使う負荷を合算したものを「インタラクションコスト」と呼びます。このインタラクションコストが少ないほど、インターフェースの操作を楽に行うことができます。

インタラクションコスト ＝ アタマの負荷 ＋ カラダの負荷

インタラクションコストの定義は右記のページにあります。和訳すると「インタラクションコストとは、ユーザーが目標を達成するためにサイトとのやりとりで展開する必要のある、精神的および肉体的な努力の合計である」となります。

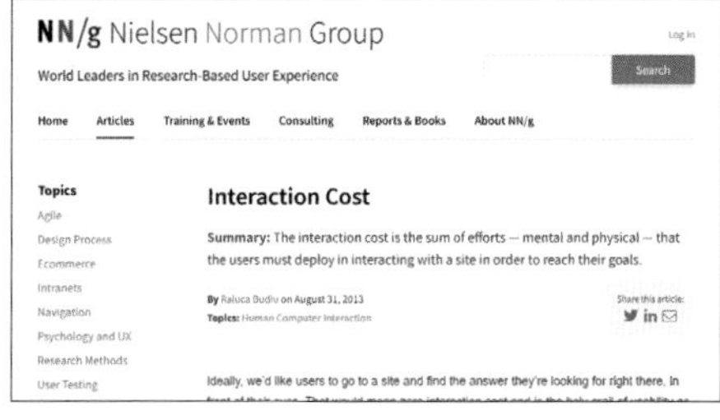

URL https://www.nngroup.com/articles/interaction-cost-definition/

操作の分かりやすさ、文章の読みやすさ、選択肢の明快さ、手数の少なさ、待ち時間の短さ、スクロールやスワイプといった動きに対する応答の速さと軽快さなど、他にもいろいろあるでしょう。インターフェースを操作する上での、これら全ての思考と行動が、インタラクションコストと密接に関係しています。良いインターフェースあるいは使いやすいインターフェースとはいったい何であるかと考えていくと、突き詰めてしまえば、このインタラクションコストをいかに少なくことができるか、ということに帰着します。

良いインターフェース ＝ インタラクションコストが少なくて済むもの

認知負荷：アタマの支払うコスト

インタラクションコストのひとつが、考えたり悩んだり判断したりという頭脳的な負担、認知負荷（cognitive load）とも呼ばれる、アタマの支払うコスト（負荷）です。いわゆる「分かりにくい」というときには、このアタマの負荷、認知負荷が高まった状況になっています。負荷を下げるためには、ユーザーに考えさせなくても「分かる」ようにすることが大事です。

例えば、ボタンの見せ方ひとつをとってみても、ユーザーの受け取り方には違いがあります。キーカラーでベタ塗りのボタンならば、すぐにそれが「押せる」と分かるだけでなく、とても「大事な」ボタンなのだろうとユーザーは思うでしょう。反対に、テキストだけのボタンであれば、そもそもボタンとして押せるのかな？と思ってしまいます。単純に、重要なボタンを明確にしたいということであれば、右の図で上にいくほど、理解するために支払うアタマのエネルギーは減り、認知負荷は低くなります。

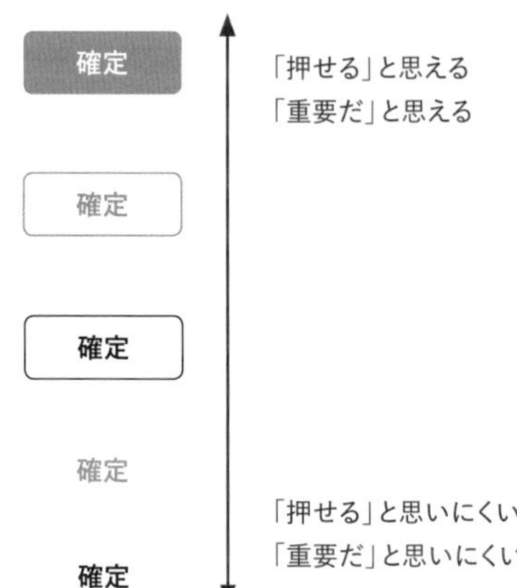

ただし、インターフェースには本当に重要なものと、重要ではないものが混在しています。全ての機能が一様に同じ重要度であることは稀です。見やすさのためだけに全てを重くすることはできないのです。もしここで、重要でない機能を「明快なボタン」にあてて、本当に重要な機能を「（テキストだけのような）不明確なボタン」にあててしまえば、ユーザーは混乱し、やはり認知負荷は高まってしまうでしょう。

認知負荷の高いテキスト

URL https://www.bmw.co.jp/ja/topics/fascination-bmw/electromobility2020-new/sustainability.html

認知負荷の低いテキスト

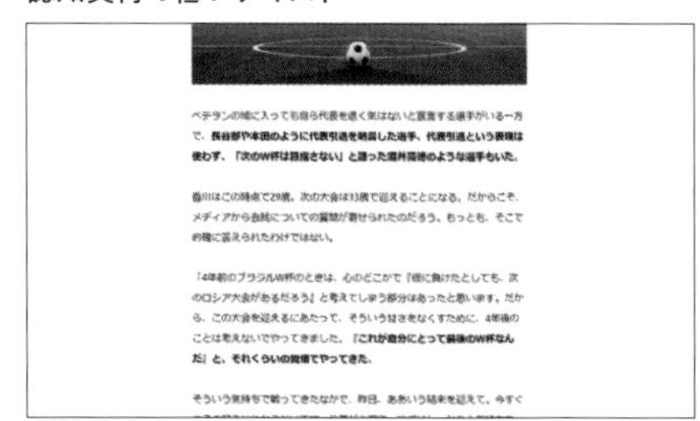

URL https://note.com/gentosha_dc/n/nbad5bca7a8b6

他にも、横幅いっぱいまで広げた文章（テキスト）は、適度な位置で折り返された文章よりも読みにくく、認知負荷を高める原因になります。文字の大きさが小さすぎる、大きすぎるといったことであっても、また同様です。

サービスの実例として、市区町村の「粗大ごみ回収サービス受付」を見てみます。

ええと、粗大ごみ回収の申込みは一番目立つボタンかな？

（正解は、左上の青く目立つボタンの下にあるテキストリンク「新規申し込み」から。目立つボタンを押しても別ウィンドウが開くだけ。）

テキストリンクのほうから、とりあえず進むことができた。で、次にどうすればいいの？

左上の「一覧から選択してください」をクリック…したけど、これはクリックできないぞ！ その下の同じやつをクリックしろってことか…？

進めた。次に、品目を選ぶと。「一覧を表示する」を押したけど、何も変化はないようだが…？

（実は画面外に一覧が表示されている。スクロールしないと見えない。）

仕方ない。「種別から探す」でジャンルを選ぶ…。扇風機は「家具」と「電気」のどっち？ とりあえず「電気」にしておくか…。

そして、カタカナで「センプウキ」として検索。お、出てきた。こいつを「選択」する、と。あれ。背景色が黄色になったけど、終わり？ そのあとどうすればいいの？ 戻っていいの？

（実は選択は完了しているが、「排出品目入力へ戻る」を押して前の画面に戻らないと分からない）

URL　https://www2.sodai-web.jp/mitaka/index_app.html

操作中にたくさんの「？」が出ていたと思います。この？がアタマが支払っているコスト、認知負荷です。いたるところにユーザーの認知負荷を高める要因は潜んでいます。ユーザーに考えさせない、悩ませないことが、認知負荷を下げるポイントです。

身体的負荷：カラダの支払うコスト

インタラクションコストのもうひとつが、指を動かす、繰り返し操作するといった、カラダが支払うコスト（身体的な負荷）です。いわゆる「使いにくい」という場合では、その原因のいくつかは、この身体的な負荷に起因しています。

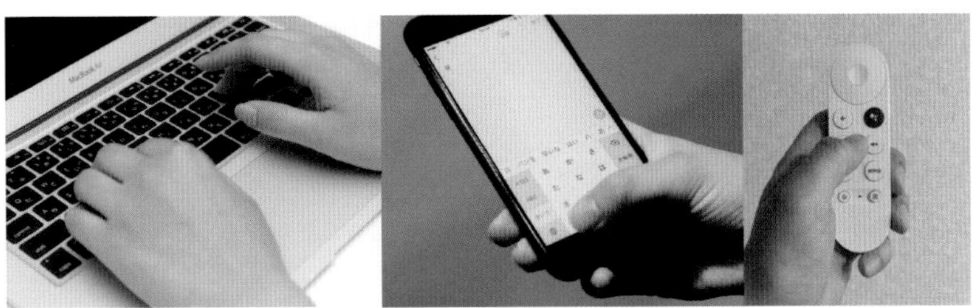

身体的な負荷は、デバイスごとの違いが大きいのが特徴です。PCでは気にならなかった操作も、スマートフォンでは少し面倒に、TVでははっきりと面倒な操作になってしまいます。

例えば、画面中の何かを「選択する」という操作でも大きく違います。仮に、画面右上にある「検索」ボタンを押したい、としましょう。マウス（PC）であれば特に問題ないことですが、タッチパネル（スマートフォン）であれば、片手操作なら親指を伸ばす必要があるでしょう。それで届かなければ、持ちかたを変えるか、もう片方の手を使う必要があるでしょう。リモコン（TV）であれば、上下左右の方向キーを何度も押して、フォーカスを移動させてあげる必要があるでしょう。これら全てが、身体的な負荷となります。つまり、デバイスによっては、身体的な負荷に配慮したインターフェースを考える必要があるのです。

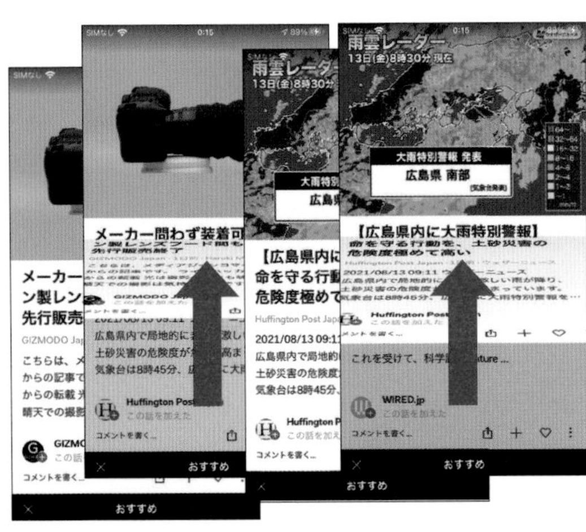

Flipboard (iOS)

また、同じ操作を繰り返させることも、身体的な負荷になります。Flipboard はその名のとおり、フリップする（さっとめくる）と次の記事が出てくるという、ユニークなインターフェースがウリのサービスです。その反面、記事の一覧性に難があることも相まって、興味関心のある記事を探すためには、何度も繰り返しフリップする（めくる）必要があります。操作にかかる身体的な負荷は、決して小さくありません。

身体的負荷を抑える工夫

身体的な負荷を減らすために、各社とも工夫を凝らしています。iOS（iPhone）では「簡易アクセス」を有効にすると、ホームボタンをダブルタップすることで、画面の上部を親指の届く範囲に移動できます。また、IMEでは地球儀ボタンを長押しすることで、キーボードを左右のどちらかに寄せることができます。

親指の可動範囲（左手の場合）

iOSホーム画面

メモ帳（iOS）

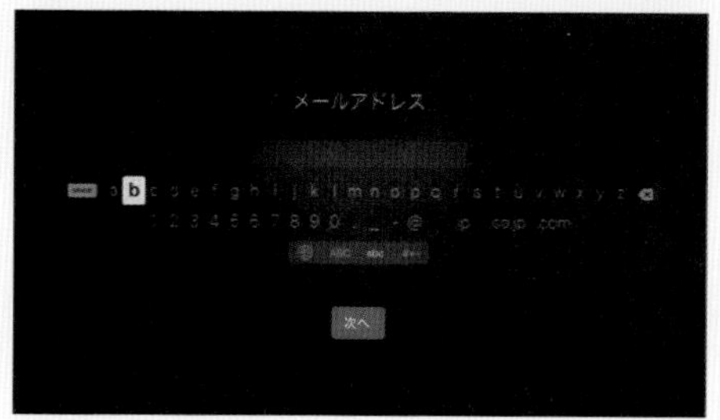

Apple TV

Apple TV の英数字入力では、英語、数字をそれぞれ横一列に並べています。これによって、上下の移動回数を減らし、左右の押しっぱなしだけでも移動できる領域を広げています。

Android版の facebook では、親指から遠い位置にある画面上部の切替タブを操作しなくても、全体のスライドによって同等の操作ができるように配慮しています。

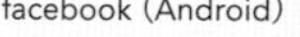

facebook（Android）

アタマの負荷とカラダの負荷、どちらを優先する？

「アタマの負荷は少ないが、カラダの負荷がそこそこある」場合と「アタマの負荷はそこそこあるが、カラダの負荷は少ない」場合では、どちらが良いのでしょうか？これは状況次第であり、一概にどちらが良いとは言い切れません。しかし、大きな方向性を決めることはできます。

利用頻度が少ない場合は、アタマの負荷低減を優先する

新規登録フォームのように、一度あるいは少ない回数しか使われないものであれば、アタマの負荷を減らすことを優先したほうが良いでしょう（カラダの負荷低減の優先度を下げる）。

Pinterestの新規登録フォーム

URL https://www.pinterest.jp/

その理由は、そのほうが両者合算の負荷であるインタラクションコストが、より小さくて済むからです。最近のサービスでは、新規登録フォームが複数のステップに分割されているものが主流となっていることも、その現れです。

アタマの負荷を低減 ＞ **カラダの負荷を低減**

やや乱暴な言い方をすれば、「手数が多くなってもいいから、分かりやすさを優先しろ」ということになります。何度もやってくる古参のユーザーより、初めて訪れる新規ユーザーを優先する場合でも、考え方としては同様の方向性になるでしょう。

利用頻度が多い場合は、カラダの負荷低減を優先する

逆に、何度も使うものや繰り返し使うものであれば、極力少ない手数で操作できるよう、カラダの負荷を減らすことを優先したほうが良いでしょう（アタマの負荷低減の優先度を下げる）。

URL https://www.yahoo.co.jp/

iPhoneのショートカット画面

なぜなら、ユーザーは利用するたびに意味や使い方を学習してしまうので、使えば使うほど、アタマの負荷はどんどん低減されていくからです。その反面、カラダの負荷は常に一定であり、毎回同じ分だけ支払うことになります。長期的な視点で考えると、こちらのほうがインタラクションコストが少なくて済むようになるわけです。

アタマの負荷を低減  カラダの負荷を低減

やや乱暴な言い方をすれば、「分かりやすさを多少犠牲にしても、手数を少なくしろ」ということになります。専門性の高いものや、日常的に繰り返し使うもの、シビアな操作が求められるものなどでも、やはり同様の方向性になるでしょう。

TVリモコン

キーボード　　音響機器のミキサー

5.3

一貫性、シンプルさ、共通概念

インタラクションコストを下げる共通解。

インターフェースデザインの仕事をしていて、よく相談を受けることの1番目は「使いやすくしてほしい」で、2番目は「直感的にしてほしい」です。しかし、言うは易し行うは難しで、「使いやすくする」ための対応方法は状況によって千差万別であり、いくつもの要因や対策を考える必要があります。デバイスが複数にまたがる場合は、さらに複雑です。

とはいえ、使いやすいサービスに共通して見られるもの、数学でいう「最大公約数」や「素因数」のようなものが、何かあるのではないでしょうか。それさえ押さえておけば、いつでも、どこでも、最低限の使いやすさを担保できるような普遍的な要因が。そういった観点から、使いやすいサービスをいくつも観察すると、インタラクションコストを下げる共通解が、どうやらありそうです。ここでは、それらの要因を「一貫性」「シンプルさ」「共通概念」という言葉でまとめています。

インタラクションコストを低減するために

前節で見たように、インタラクションコストを下げることが、インターフェースを使いやすくするための方法です。では、どうすればインタラクションコストを下げることができるでしょうか。

画面の大きさや可変性、入力手段などは、デバイスによって全て異なっています。スマートフォンで最適であったインターフェースも、PCやTVでは最適とはなりません。インターフェースは、デバイスごとに個別の最適化が必要なのです。しかし、どのようなデバイスでも、どのようなサービスでも当てはまる、人間の認知特性に基づいた、インタラクションコスト下げるための普遍的な方法が3つあると筆者は考えます。それは「シンプルさ」「一貫性」「共通概念」です。

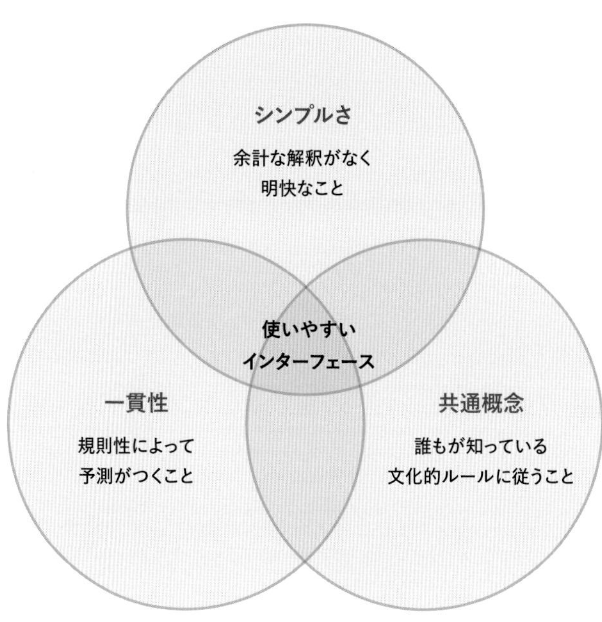

シンプルさ、一貫性、共通概念は、どのような環境であってもユーザーの認知負荷を下げることにつながる、言わば最大公約数的なエッセンスです。これら3つを備えることで、最低限の「使いやすいインターフェース」を担保することができるでしょう。次ページから、これら3つについて個々に説明していきます。そして最後に「直感的な」デザインについて説明します。

シンプルさ

シンプル（simple）とは「明快」あるいは「簡潔」な状態のことを指します。意図が明快であるために「理解しやすい」状態でもあります。シンプルとはもともと英語なので、日本語にすると意味合いが変わってしまいますが、いわゆる「単純」とは異なるものです。

Google Chrome ホーム画面

Apple iPad

単純とは、ただ単に削ったり省いたりした状態です。それに対して明快とは、分かりやすく明らかな状態のことです。シンプルなデザインを実現するためには、本当に必要なものだけを抽出し、大事なものとそうでないものを区分し、見た人が考えることなく一見して理解できるようにする必要があります。

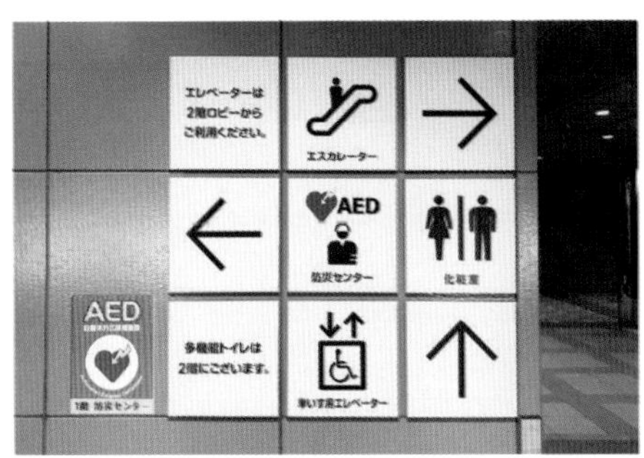

例えば、左の案内図はシンプルでしょうか。仮に「トイレ」に行きたいとします。簡略化されたアイコン。整然と並んだグリッド表記。一見、シンプルに見えます。しかし、トイレが左だとはすぐに理解できません。これは、複数の解釈を許してしまっているために「明快さ」を欠いていることが原因です。

ただ単に要素を削ったり、意味を踏まえずに簡略化しただけで、そのために見た人がかえって悩んでしまうようでは、「単純」ではあっても、「シンプル」であるとは言えません。理解するのに時間がかからず、アタマにスッと入る状態、つまり余計な解釈がなく明快な状態こそが、シンプルの本当の意味です。

シンプルとは、余計な解釈がなく明快であること

人間は生来的に、シンプルなものを好みます。シンプルさが支持される理由は、人間が認知のために使えるリソース（頭脳的な資源）に限りがあるためです。例えば、画面内にたくさんの要素があるとき、その中の「何かの優先順位を上げる」ということは、「別の何かの優先順位が下がる」ということを意味します。全てを目立つようにすることはできません。認知の総量には限界があり、画面内の要素同士でリソースを取り合っているからです。無駄を削ってシンプルにすることは、アタマの中のリソースを有効活用することとつながっています。

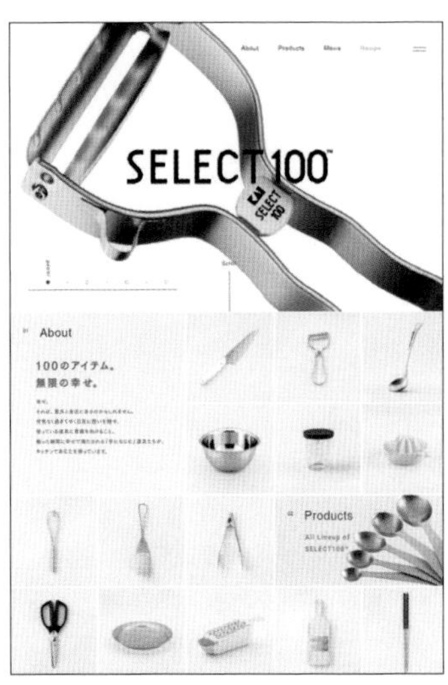

URL https://www.kai-group.com/products/brand/select100/

シンプルにデザインすることは難しい

ではどうすればシンプルにできるのでしょうか。実は、シンプルなデザインを実現するというのは、想像しているよりもずっと難しいことなのです。

シンプルさを実現するには、何が大事で、何がそうでないかを明確にした上で、不要なものを削除するという絞り込みが必要です。ですが、世の中の仕事というものは概ね、新たなものを付け加えることは認められやすく、既にあるものを削ることに対しては抵抗されます。削れたとしても、熟慮せずにただ削るだけでは、単純になりはするものの、シンプルになるとは限りません。

シンプルを実現するためには、熟考し、取捨選択を行い、試行を繰り返すといった、時間と労力をかける必要があります。

案内図の改善例

この案内図でトイレに行くための正解は「左」です。余計な解釈ができないようにすれば、問題は改善されるでしょう。例えば、以下のような具合です。これ以外にも、やり方はいろいろあるでしょう（真ん中の段だけを少しズラす、など）。

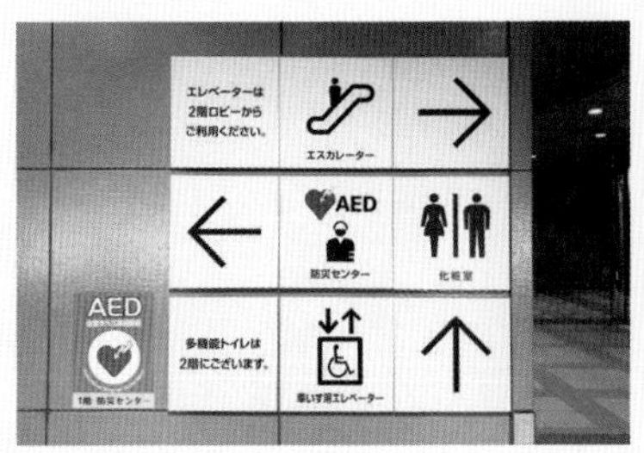

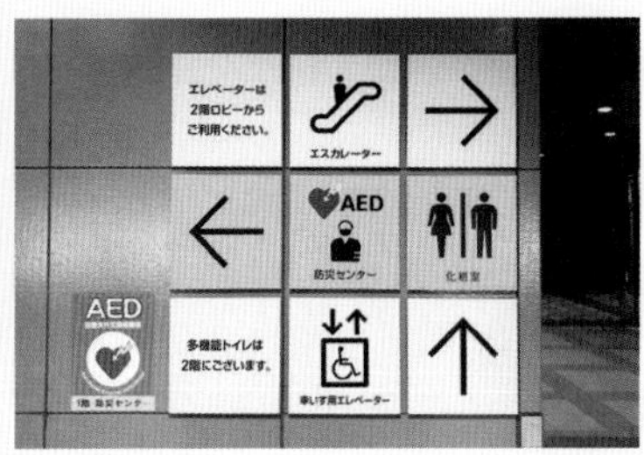

一貫性

一貫性とは、その世界（サービス）で構築された規則性、あるいはルールです。それは、それぞれのサービスでの「世界観」や「物理法則」のようなもので、Aというサービスでの一貫性は、Bというサービスでの一貫性とは全く異なっていたとしても、それぞれのサービスの中では正しく機能する法則なのです。法則があることで、そのサービスを自信を持って操作することができます。

URL https://www.apple.com/jp/

一貫性があることの最大のメリットは、ユーザーの認知負荷を大きく軽減できることです。なぜなら、一貫性を担保することによって、それぞれのページやパーツがどのように機能するかを毎回考えなくて済むようになり、ユーザーは操作の予測をつけやすくできるからです。意味や操作の予測をつけやすくすることで、認知負荷と誤動作（余計な身体的負荷）を減らすことができるのです。

一貫性によって、ユーザーは予測をつけやすくなる

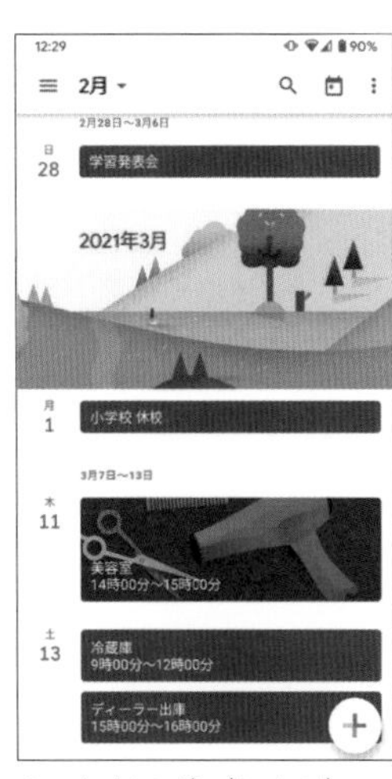

Googleカレンダー（Android）

Solid Explorer（Android）

サービスの外側にも一貫性はあります。例えば、AndroidやiOSでは、それぞれ独自の一貫性*でインターフェースのルールを定義しています。それに従うことによって、ユーザーにとって未知のアプリであっても、予測を立てやすくなります。これらはみな、使いやすいインターフェースにするための、ユーザーの認知負荷を下げる配慮です。

* これらは「デザインガイドライン」という形で各社から提供されています。

予測がつく以外にも、一貫性による利点はまだ他にもあります。まず、同質性が担保されているために、信頼感が生まれることです。例えば、Apple（iOS）標準の「時計」アプリでは、フォント、キーカラー、背景色に一貫性をもたせています。そのため、かなり見栄えの異なる「ストップウォッチ機能」の状態でも、同じサービスのものだと信頼して使うことができます。

また、機能追加や改善といった「拡張」に対しても、一貫性は効果を発揮します。サービス内での規則性が一貫していれば、ページや機能が増えていったとしても、操作の学習にかかる負担は抑えられます。同様に、開発・実装における負担（工数）も軽減されるでしょう。

時計（iOS）

アラーム機能

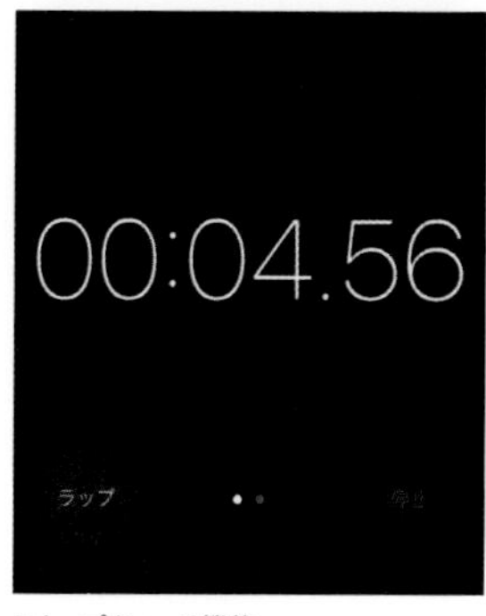

ストップウォッチ機能

大きなルールほど先に決めよう

一貫性を考えるときに大事なことは、大きなルールほど先に決める、ということです。というのは、ルールに沿って作られたものを崩すより、無秩序に作られたものをルールに当てはめ直していくほうが、はるかに難しいからです。例えば、それまで別サイトとして運用していたサービスやWebサイトを、既存の本体サービスに統合するといった場合などでは、共通ナビゲーションやキーカラーといった「大きなルール」ほど、当てはめるのが難しいものです。

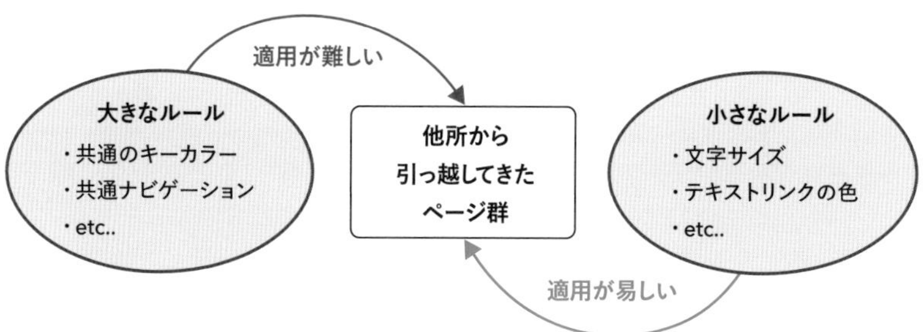

また、ルールは絶対に守らなくてはいけない、というものではありません。そんなことは現実的に無理があります。むしろ、部分的に一貫性を緩めることでかえって分かりやすくなるようであれば、全体として見たときには逆に良い場合もあります。

共通概念

私たちの日常生活は、誰もが知っているサインやルールを適用することで成り立っています。例えば、エレベーターでは三角形の向きの違いによって「上か下に移動する」「扉が開くか閉じる」というルールがあることを知っており、それに従ってみな操作しています。

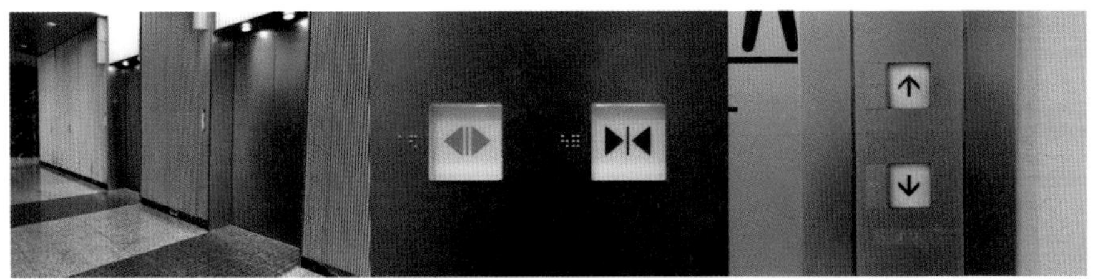

「共通概念」とは、このような誰もが知っている文化的なルールのことです。私たちは、周知の事実となった概念を適用することで、新しいルールを学ぶ労力を回避しています。インターフェースでも同様に、既知となった文化的なルールによって、操作の大部分が成り立っています。

誰もが知っている文化的なルールに従うこと

例えば「青文字はリンク」「右向きの矢印はリンク」「右向きの三角印もリンク」「下向きの矢印はプルダウンかアコーディオン」「虫眼鏡は検索」「星はお気に入りか評価」「サービスロゴはトップページへのリンク」などです。

Instagramは、画面下部の操作エリアでは「アイコンとその意味」「タブ切り替え」「反転色のところが現在のタブ」という概念を、あらかじめ知っていることを前提に作られています。画面上部では「ハッシュタグ（#）」「左矢印は戻る」などが使われています。ほとんど全てのインターフェースが、既存の共通概念を利用して作られています。

Instagram（iOS）

こういった共通概念を活用することによって、インターフェースの学習コスト、つまり新たな認知的な負担を減らすことができます。共通概念のメリットは、理解と解釈にかかる認知負荷を低減できることであり、本来の目的にユーザーが集中しやすくできることです。

目新しいデザインであっても、大部分はこういった共通概念に従ってデザインされているものです。見たこともない新しいインターフェースを操作するためには、そのインターフェースのルールを新たに学習し直すため、余計な認知コストが発生してしまいます。作り手にとっても使い手にとっても、全く新しいインターフェースというのは、実は割に合わないことが多いためです。

共通概念に逆らうリスク

共通概念に従った挙動をすることは大事ですが、それに逆らった利用をしないことも同じくらい大事です。例えば、「三角印が添えられたテキスト」や「青字テキスト」「下線のテキスト」は、そこがリンクであることを一般的には意味します。このことはWebの世界では誰もが知っている、文化的なルールとなっています。

▶ここはリンクです	▶三角はただの目印です
ここもリンクです。	強調として下線を使ってます。
ここはテキストです。	目立たせたいので青字にしました。

ここでもし､青文字下線のテキストをただの「強調」として利用してしまえば､ユーザーはそれがリンクだろうと見なして､当然のようにクリックしてしまうでしょう(しかし実際には何も起こらない)。当然そうなるだろうという予測と、それに反する結果は、ユーザーの認知負荷とストレスを、無意味に、かつ過大に増幅させます。これが共通概念に逆らうリスクです。

共通概念とは、言わば決まってしまった約束事なので、好むと好まざるとに関わらず、それに従うほかありません。テキストの目印として「三角印」を使ってはいけないし（リンクと見なされるから)、目立たせたいためにテキストに下線を引いたり、青字にしたりしてもいけません（同じくリンクと見なされるから)。「保存」を意味するアイコンは、今や誰も使わなくなった、知らない人さえいる「フロッピーディスク」です。これも既に確立された共通概念なので、このアイコンを使うときには「保存」の意味で使うことに従いましょう。本当のフロッピーディスクのアイコンとして使うことは、もはやできません。

ユニバーサルデザインと文化の違い

共通概念が有効だとしても、どのようにすれば、誰もが「同じ」と認識できるデザインになるのでしょうか。どこの国のどんな習慣の人でも同じように認識できるデザインが「ユニバーサルデザイン」という考え方です。それでも、ユーザーの背景や、使用する環境によっては、同じ意味にならないことがあります。

地域的な文化の違い

ユーザーの文化的背景は、国によっても異なります。例えば、日本では○を肯定的、×を否定的な意味で使いますが、他国では×や✓を肯定的、○を否定的な意味で用いることが多いです。

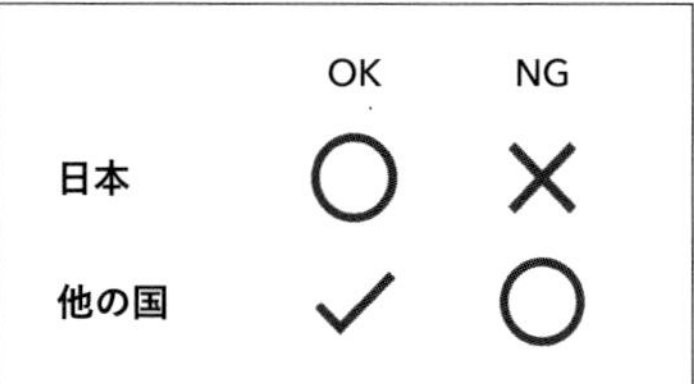

企業的な文化の違い

GoogleやAppleなど大規模にグローバル展開しているソフトウェア企業では、ユニバーサルデザインの考え方に準拠したデザインを展開しています。Googleはユニバーサルデザインの考え方に基づいた900種類以上のアイコンを、「Material Icons」という名称でオープンソース形式で公開しています。

Google - Material icons

Apple - iOS icons

Appleでも同様に、Human Interface Guideline で共通アイコンを提供しています。しかし、同じ意味のアイコンでも名称や形状が企業によって大きく異なるという「文化の違い」が存在するために、注意が必要です。

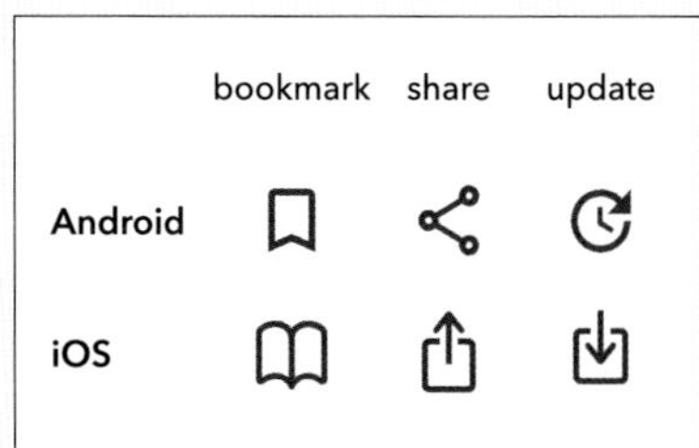

直感的とは

デザインの改修でよく依頼されることのひとつが「直感的にしてほしい」です。では、直感的とはいったい何なのでしょう。何をもって直感的とするのでしょうか。

Apple iPod

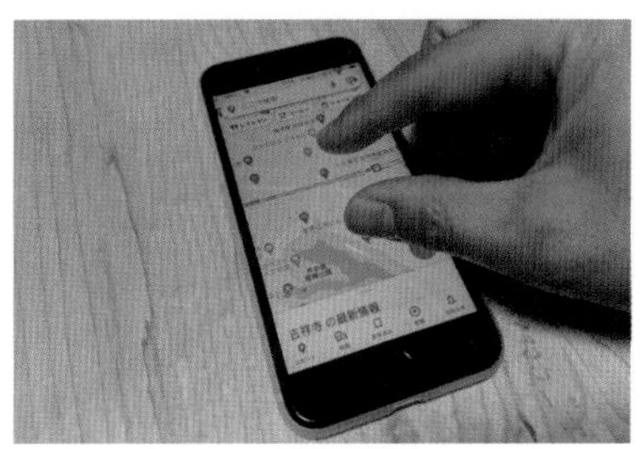
ピンチ操作（拡大・縮小）

シンプルであっても、それが直感的であるとは限りません。例えば、シンプルなデザインとして有名であった「iPod」でも、ホイールを回すと何ができるかを、初見の人は知ることができません。タッチパネルの「ピンチ操作（拡大・縮小）」も、初見の人には分からないでしょう。

また、一貫性と直感的も異なります。一貫性が担保されているサービスでも、そのルール体系に触れたことがなければ、直感は働きません。つまり直感とは、ユーザーの持つそれまでの経験や概念に依存しているのです。それまでに学習した経験と、影響を受けてきた文化によって、ユーザーが身に付けている直感は異なるのです。では直感的とは何かと言うと、一言で言えば以下の通りです。

直感的とは予測と結果が完全に一致する状態のこと

色・形・動きなど人間の認知特性を活かして、シンプルで一貫性があり、共通概念に従った一目瞭然な状態、つまりインタラクションコストを極限まで下げた状態です。余計な考えを必要とせずに、あらかじめ思った（予測）どおりの動き（結果）となるデザインこそが「直感的なデザイン」だと、筆者は考えています。

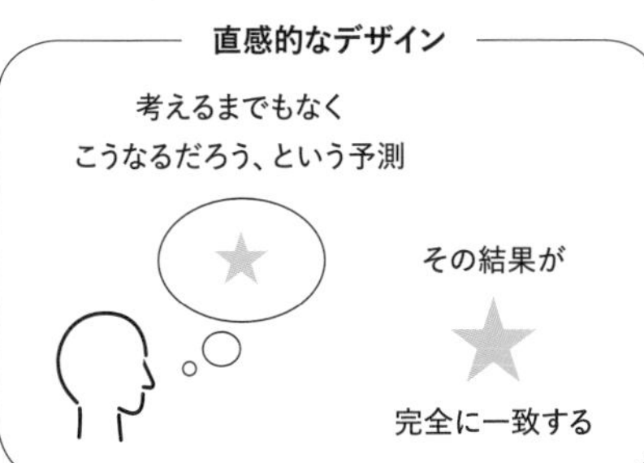

実例 6　スマートフォンで家電操作（Iot）

エアコンや照明など、インターネットでつながったIot家電をスマートフォンで操作するアプリを作りたい、という依頼を受けました。内容をまとめると、以下の4点が主だった希望のようです。

エアコン、照明、TV、玄関の鍵など、家の中で接続されているIot機器を、ひとつのアプリケーションで操作したい。

よく使う機能は、簡単に使えるようにしたい。でも、あまり使わない細かい機能でも、ひととおりは操作できるようにしたい。

朝に起きたときや、夜に寝るとき、帰宅時などのシーンごとに、このボタンをひとつ押せば全てOK！みたいな感じにしたい。しかも毎日よく使うように。

出先からでも家の様子を知りたい。そうすれば例えば、今日はすごく寒いようだから家の中を暖かくしておこう、とかできそう。

まずは紙とペンを使って大まかな案をまとめます。「起床時」や「寝る前」といったシーンごとに押すボタンを大きめに設置します。ボタン名も自由に編集できる想定です。ひととおり全ての機器を操作できるよう、機器ごとのリモコン画面も用意します。ホーム画面と、リモコンの選択と操作の画面、シーンの編集画面を切り替えられるように、画面下のタブ型にしてみました。リモコンはさらに機器ごとに2段目のタブを設置します。最後にそれらをまとめて資料化しました。

ホーム画面

リモコンタブを押したとき

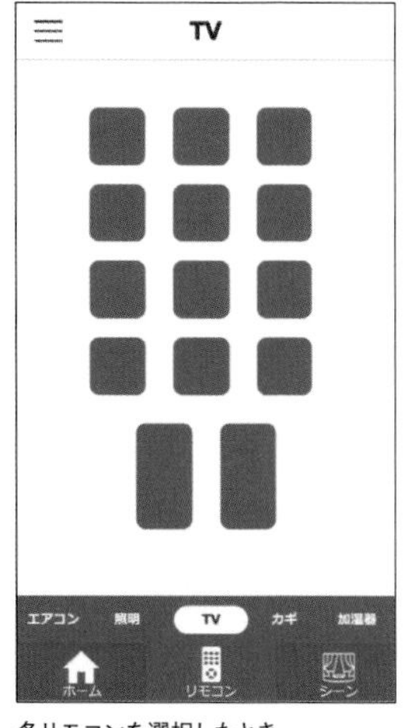

各リモコンを選択したとき

実際に絵として見てみると、どこか野暮ったく、あまり洗練されていない感じを受けたので、タブ型インターフェースをやめて、ホーム画面を中心としたボタン切替型のインターフェースに変更してみます。ボタンも全体的に丸みを付けて、柔らかい印象で全体を整えます。

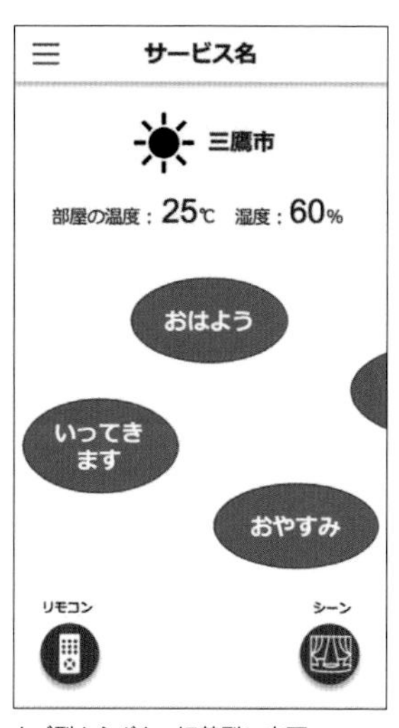

タブ型からボタン切替型に変更

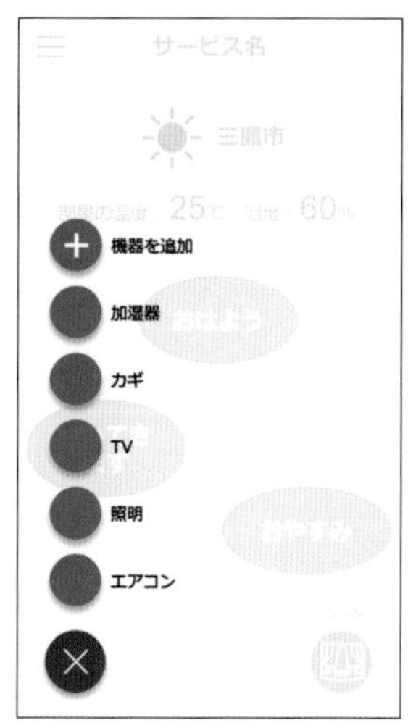

リモコンボタンを押したとき

起床時の「おはよう」ボタンを押したときに、どの機器が起動するか分かるようアイコンをボタンに内包しました。よく使う機能はリモコン画面からピックアップして、ホーム画面に設置できるようにします。これはいくつも設置できるようにしたほうが良さそうです。ある程度、デザインの方向性がかたまってきたので、ラフのワイヤー案から、実際のビジュアル案に近づけてみます。

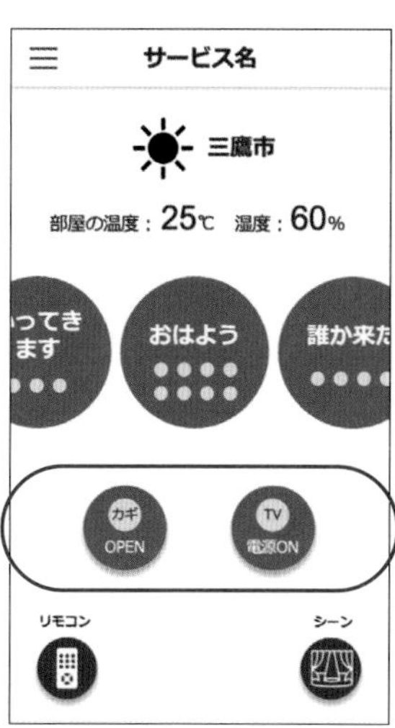

よく使う機能も、ボタンとして任意に追加できるように変更

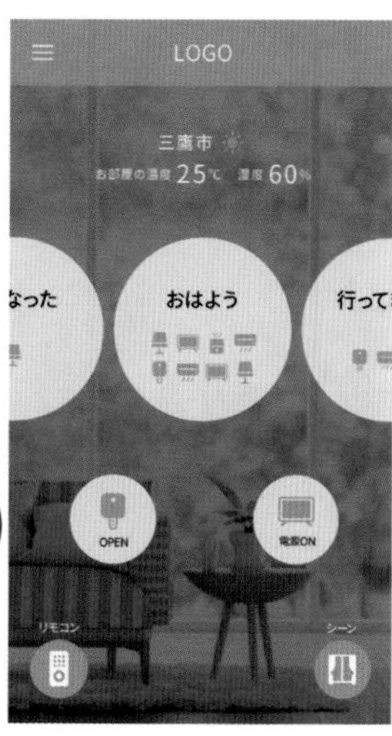

ある程度かたまったところで、ラフから実ビジュアル案に近づける

▶ 仕上がり

画面上部では、住んでいる地方の天気を表示し、その下に部屋の状況を表示します。

起床や帰宅といったシーンごとに押すボタンをサービスのメイン機能のひとつと捉え、大きく画面中央やや上に置き、数が多い場合には左右のスクロールで切り替えるようにします。その下には、よく使う機能をピックアップしてボタンとして設置するエリアを設けます。

リモコン機能への切り替えと追加、シーンボタンの設定と編集は、画面下部の左右対称に配置したボタンから、それぞれ移動できるようにします。

また、ログインやFAQ、お問い合わせなどの雑多な諸機能は、全て左上のハンバーガーメニューからスライド表示するメニューに設置する想定とします。

日常生活に密着しているアプリであり、かつ毎日使っても飽きがこないように、一日の時刻によって背景画像が変わっていく工夫なども盛り込みます。

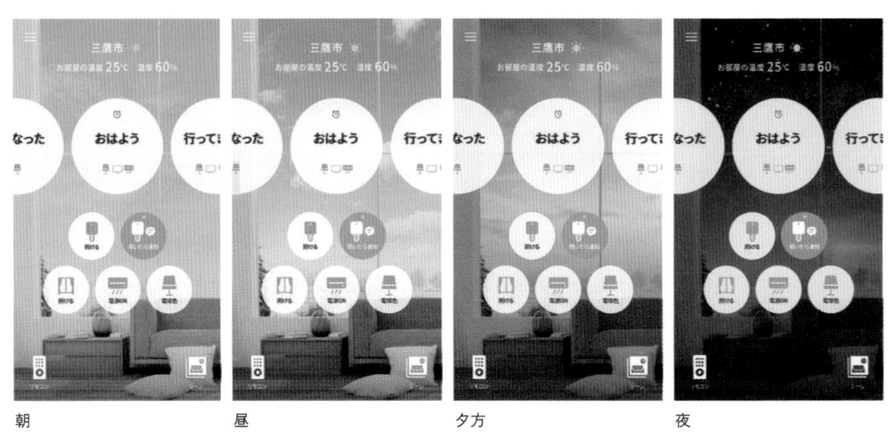

朝　昼　夕方　夜

画面中央少し下の「よく使う機能ボタン」は、1画面中で最大6つまでとして、少ないときと多いときの見え方を確認します。6つ以上を置く場合には、このエリアを左右ページングで操作して切り替えられる想定です。

2ボタン

6ボタン(1画面での最大値)

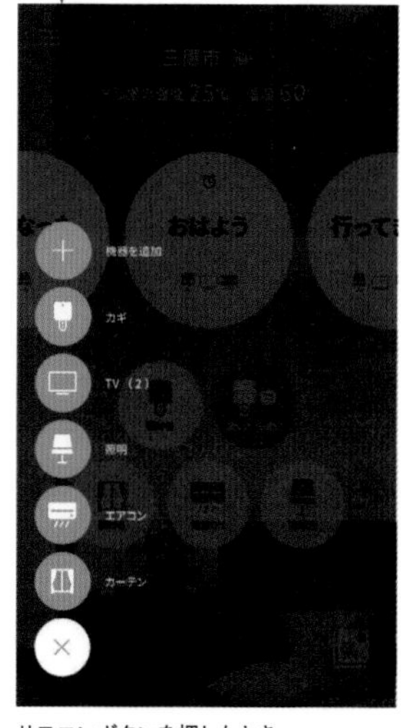

リモコンボタンを押したとき

リモコン機能への切り替えは、画面左下のリモコンボタンから行けるようにします。ボタンを押すと、今登録されている機器の一覧がボタンとして並び、その中のひとつを選択することで、それぞれのリモコン詳細画面に移動します。これによって、あまり使わない機能でもひととおりの操作ができるようになります。

協力：https://www.jlabs.com/

CHAPTER 6

留意すべきこと

6.1　留意事項

6.1

留意事項

こころに留めておきたいこと。

Webサイトやアプリのデザインをクライアントワークとして行う場合、デザイナーはクライアントの要望に従って、それを実現する手段を模索するのが基本です。実現して欲しいと期待される理想的な姿と、それとはかけ離れた現実のギャップを解決することが、仕事の対価となります。クライアントが、Webサイトやアプリをもって実現したいことが目的であったはずなのに、いつの間にか、担当者の個人的な評価というものにすり替わってしまうことも、しばしば起こり得ます。客観的に自分を見ることができなくなり、本来の目的は何だったのか見失ってしまうこともあるでしょう。

最後の章では、いつのまにか陥りがちな盲点を中心に、こころに留めておきたい留意事項をいくつか挙げていきます。最も普遍的な、何にでも当てはまるようなルールとは、もしかするとこういった分野にこそあるのかもしれません。

払った労力にとらわれない

ある商品を手に入れたとき、それを「タダで手に入れた場合」と「1000円を支払って手に入れた場合」とでは、1000円支払って手に入れたときのほうが満足感が高くなります。それは1000円に相当する何らかの対価がないと、心の中で辻褄が合わず、バランスが取れなくなるからです。このような心のバランスを調整する働きを心理学的に「補償」と言います。補償の恐ろしいところは、本人の意思とは全く関係なく、無意識に行われてしまうことです。

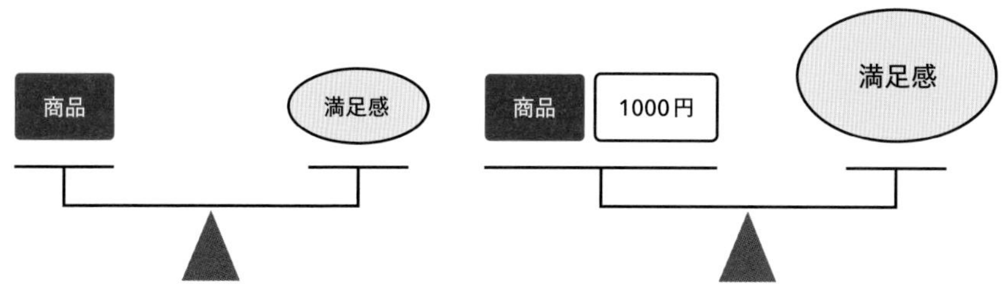

これと同じことが、制作や開発の現場でも起こります。苦労してひねり出した案には固執しがちであり、時間を掛けて作ったモックアップやプロトタイプには、本来の価値以上の評価をしがちです。それは、掛けた労力に対する対価が「補償」として自分の心の中で働いてしまうためです。言わば執着です。積み上げてきたものを冷静に見直すためには、払った労力にとらわれないように、心の中に溜まってしまった「対価」を意識することが大切です。

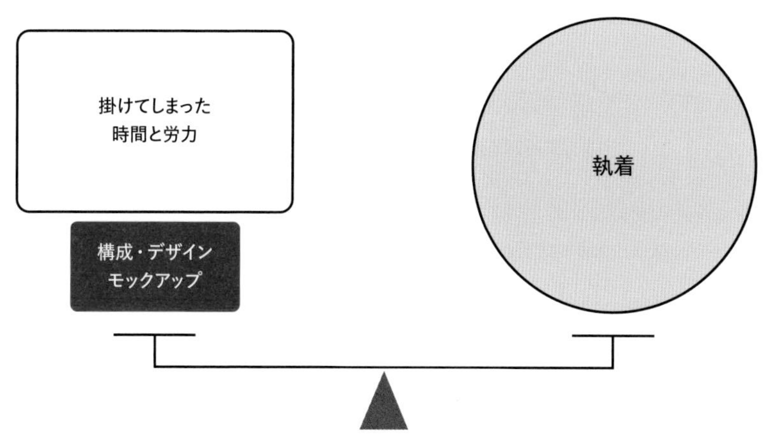

機能を増やしすぎない

ひとつのサービスや画面では、機能や目的とすることを、むやみやたらに増やさずに絞ったほうが良いでしょう。

例えば良くない例として、Appleから提供されている「iTunes」というアプリケーションがあります。このソフトウェアで担当している機能は、ローカルの楽曲ファイル管理、オンラインの楽曲購入と管理、iPhoneやiPadなどApple製品との同期とバックアップ、ポッドキャストの視聴と購読、動画コンテンツの管理（これは近年TVアプリに移植されました）…… などと多岐にわたっており、端的に言って肥大化しています。本来、iTunesという名前が示すとおり、音楽を楽しむためのアプリケーションでしたが、異なる機能を包含しすぎたために、とても一筋縄では行かない、ひどく使いにくいインターフェースを備えることになってしまいました。

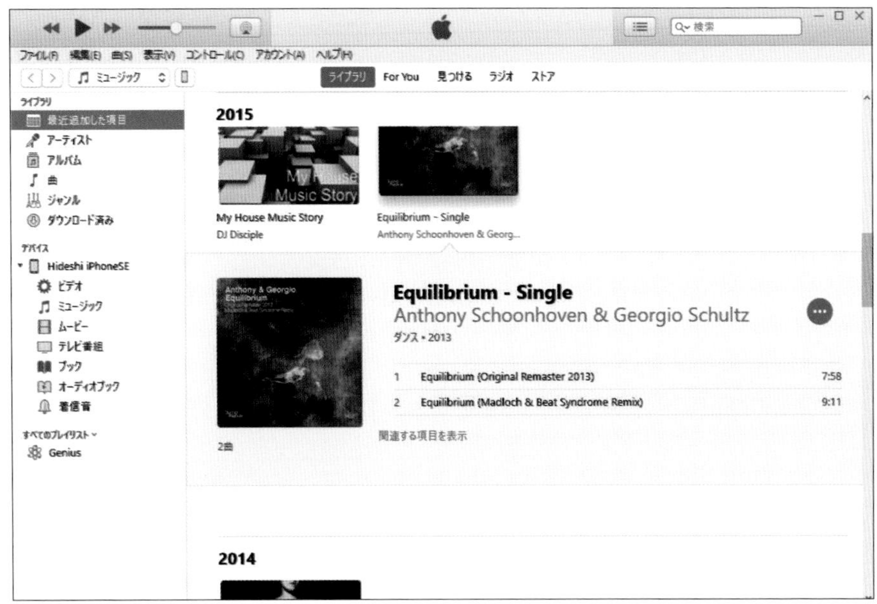

Apple iTunes（Windows10）

またこれは、上記のようなアプリケーションだけではなく、Webサイトでの個々の画面ごとにも同様に言えることです。ひとつの画面で多くの異なる機能を備えていることが本当に良いことなのかどうかは、常に検討する余地があります。

売り手の都合を買い手に押し付けない

サービス提供者側の都合やシステム的な制約によって、利用者側に不利益となることを押し付けるのはやめましょう。

よくある例で言えば、入力フォームの住所欄で「全角入力でなければ受け付けない」といったものがあります。あるサービスの入力フォームでは、全角を要求するのみならず、ハイフン・ダッシュ（－）ではエラーになり、長音（ー）のみ許可という、ひどい仕様をユーザーに押し付けています。

NG 三鷹市下連雀１-１-８３（半角ハイフン）
NG 三鷹市下連雀１－１－８３（全角ハイフン）
OK 三鷹市下連雀１ー１ー８３（全角長音）

住所の番地に数字やハイフン記号（-）が使われることは当たり前ですが、それを全角でなければ受け付けないというのは、提供者側の、主にシステム的な都合を利用者側に押し付けていることに他なりません。なぜなら、入力された文字を受け取ったが側が任意に変換（英数字記号のみ全角→半角）することは当然可能であり、入力する側が全角にこだわる必然性はどこにもないからです。これは、システム的な手間（工数）を、利用者側の手間に押し付けている例です。

他にも、JR東日本の新幹線予約システム「えきねっと」などでは、名古屋や京都といったJR東日本の管轄外でチケットの発券ができません。したがって、仮に「東京から京都までの往復分チケット」を予約をしても、帰りのチケットを京都で受け取ることはできません。その場合の対応としては「京都から（管轄内である）熱海まで移動してチケットを受け取ってから、あらためて京都まで戻り、乗車し直してほしい」というのがJR東日本側の驚くべき回答ですが、これもサービス提供者の都合を、サービス利用者に押し付けている悪例と言えるでしょう。

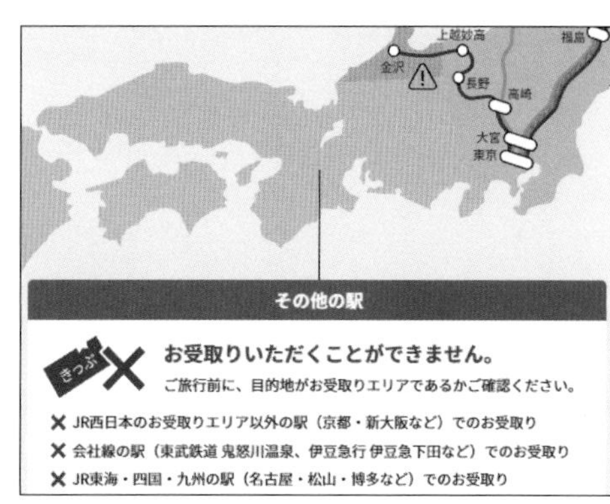

URL https://www.eki-net.com/top/jrticket/guide/uketori/

試してみないと分からない

どれほど入念に設計したとしても、実際に作って使ってみないことには、本当の意味では分からないものです。これはおそらく、ソフトウェアに限った話ではないのでしょう。

考えをまとめる：ワイヤーフレーム、モックアップ

ワイヤーフレームや初期のモックアップを作る意義は、考えや方向性をまとめるだけでなく、関係者で共通の認識を持つためです。また同時に、デザイナー自身が理解を深めるためでもあります。

最も原始的なワイヤーフレームは、紙とペンを使ったスケッチです。人にもよりますが、この手法が最もアイディアを形にしやすいでしょう。もちろん、他の手段であっても構いません。方向性と実現性、本当に価値があるかどうかの目処を付けるために、プランの試作を繰り返します。

手書きのラフなワイヤーフレーム

見てみないと分からない

プランがある程度見えてきたり、方向性がいくつか出てきた段階で、まずは「絵」にします。絵にすることで、自分だけでなく関係者を含めたイメージのズレを、かなりの部分でなくすことができます。絵にして見てみることで、初めて理解できることがあります。考えから漏れていたことや間違っていたことなどが、明らかになるでしょう。

初期のワイヤーフレーム

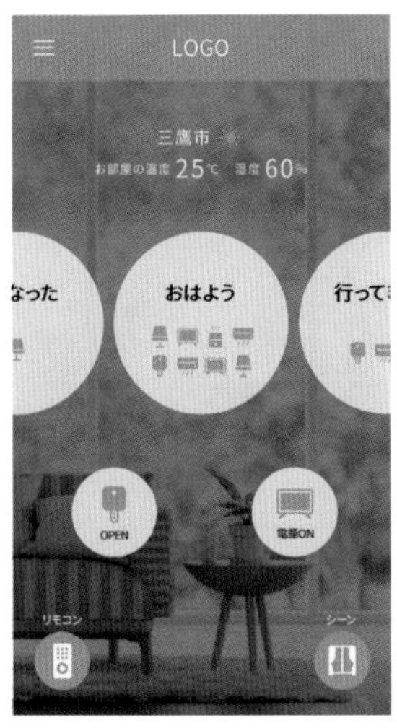

より完成に近づけたモックアップ

動かしてみないと分からない

動きを伴う部分に関しては、実際に作ってみる以外に確かめる術がありません。敢えて動きを「ゆっくり」にしたほうが、むしろ分かりやすくなったという事例もありました。こういった妥当性の検証は、実際に動かしてみないと分からないものです。

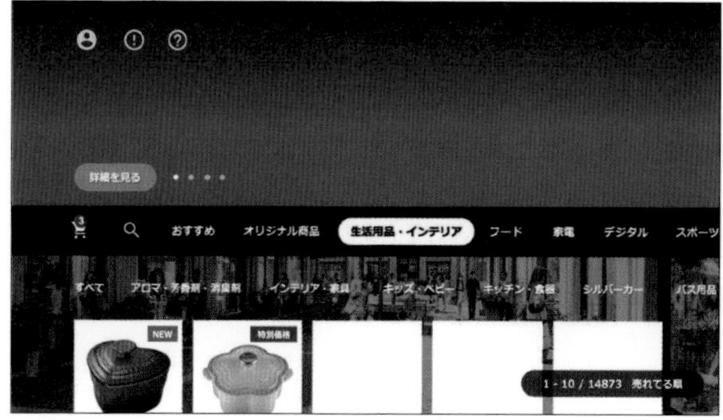

ナビゲーションの変化が分かるかどうかの検証

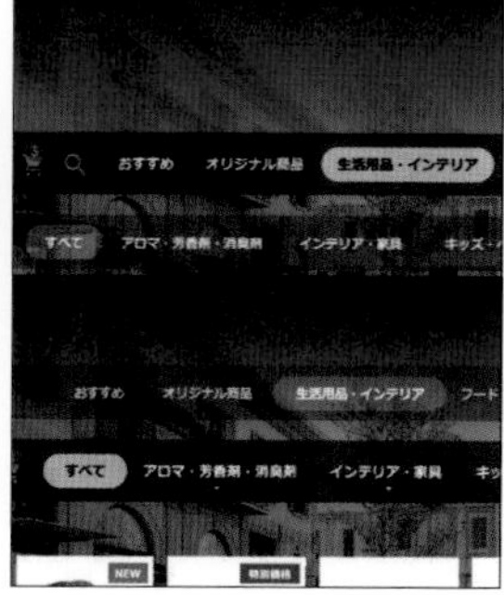

動きを伴う試作

早めに失敗をする

試作に失敗はつきものです。というよりも、試作とはプランのバグ出しのようなもので、実際に試してみることで、当初は想定もしていなかった問題点を見つけ出したり、あるいは新しいアイディアを思いついたりするためのもの、という側面があります。したがって、別の見方をすれば、なるべく早めに失敗を繰り返す、ということはとても価値のある行為です。

過度に作り込みすぎない

試作は大事なものですが、過度にリソースを注ぎすぎることは止めましょう。というのは、注ぎ込んだリソース（人、モノ、金、時間）が大きくなればなるほど、その試作案に固執してしまうからです。最悪の場合、凡庸な試作案がそのまま最終形になってしまうこともありえます。パッと捨てられる程度の作り込みにとどめるのが良いでしょう。

Webサイトやアプリは試作コストが低い

とはいえ、Webサイトやアプリの試作は、他の業界に比べればとても恵まれています。というのは、圧倒的にコスト（費用）が安く済むからです。家やモノといった実物の試作には、設計だけでなく、金型の製作や材料の調達など、とても大きな費用がかかります。容易に試作して容易に破棄できることは、ソフトウェア業界のとても大きなアドバンテージなのです。

木製家具の製作現場

人間の想像力には限界がある

ほとんどのデザイン上の仕事は、図面を基に進めることになりますが、そこから汲み取れる人間の想像力には限界があります。本当のところは、実際に使ってみるまでは分かりません。

三面図から立体物を完全にイメージすることはできない

家であれモノであれ、設計図となる三面図（縦・横・高さで書かれた図）だけを見て、立体物を完全に想像することはできません。訓練によって想像を完全に近づけることはできるとしても、完全な状態そのものをイメージすることはできません。

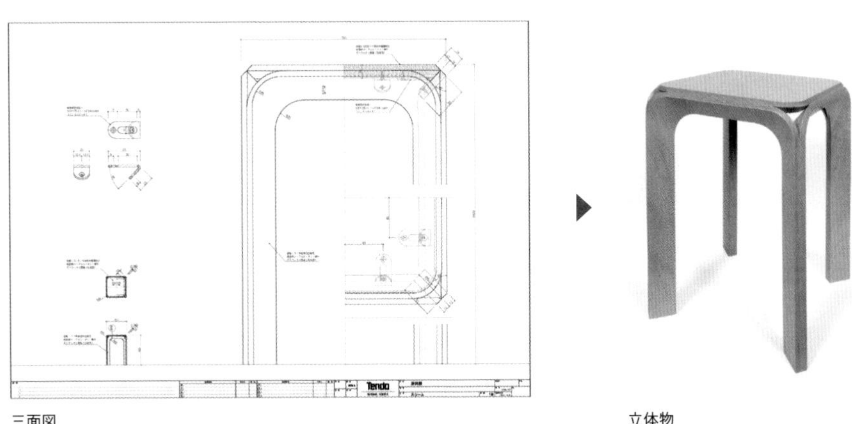

三面図　立体物

同様に、構成図から縦・横・前後の構造を完全にイメージはできない

三面図と同じことが、ソフトウェアの世界でも当てはまります。Webサイトやアプリは、いくつものページが前後関係をもってつながり合っている構造物です。一つひとつのページを見ることと、それらが体系だって連なっている状態で使うことは、全く異なることです。構成図だけを見て、実際のサービスがどうなるかを完全にイメージすることはできません。

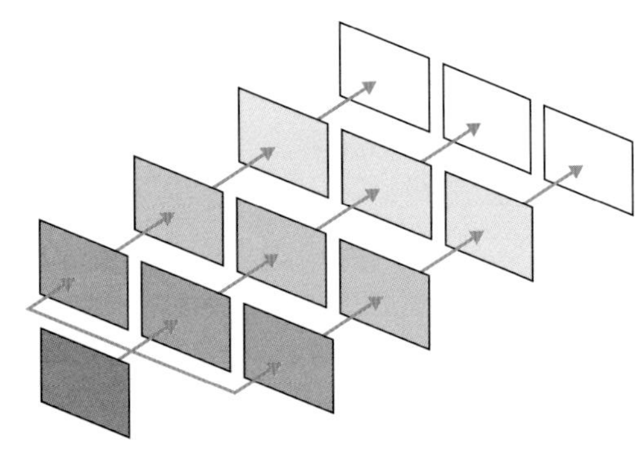

謙虚になる

デザインとは詰まるところ、ある種の「決めつけ」の仕事です。これが良い、と思った自分自身の考えと感覚に従って、仮定と断定を繰り返します。 あるデザインを決めたときに、それで良いと感じたことは自分固有の個性によるものなのか、それとも他の人も同じように感じる普遍的なもの、人間の習性によるものなのか、よく吟味する必要があります。

赤く塗られた
警告マーク

自分はすぐに目がいった

他の人たちも同じように
すぐに目がいった

例えば「赤く塗られたエリアを意識せずに他のものと同じように見てください」と言っても、それは無理です。赤い部分にはどうしても目がいってしまうものであり、それは（おそらくは血が赤であることに由来する）人間の習性だからです。

三本線のアイコン

自分はこう感じたが…

他の人たちも同じように
感じているわけではないようだ

それに対して、三本線（ハンバーガーメニュー）を見たときにどう感じるかは、人によるでしょう。自分はそれをメニューが開くアイコンだと感じるものの、他の人も同じように感じているわけではありません。であれば、それは普遍的なものではなく、おそらくは自分が固有で持っている文化的な特性、つまりは個性によるものです。

それでもなお、この三本線の案でいくかどうかを判断することが、デザインの仕事になります。最終的な判断となる「決めつけ」の吟味をするために必要なのは「謙虚になる」ことです。謙虚になるとは、自分の考えに固執しないだけでなく、他人の言うことに耳を傾けることです。謙虚さ（他者の傾聴）と傲慢さ（決めつけ）の両方をバランスよく兼ね備えることが、デザインという仕事では大事なことです。

索　引

【アルファベット】

【あ行】

【か行】

【ま行】

【や行・ら行・わ行】

原田 秀司　Hideshi Harada

1974年東京都生まれ。東京大学工学部卒。ITベンダーにてプログラマー/SEとして勤務したのち、Web制作会社にてディレクターとして勤務。2008年よりフリーランスとして独立。PC、スマートフォン、タブレット、TV、スマートホーム機器などのUIを設計している。

デザイン　武田厚志（SOUVENIR DESIGN INC.）
DTP　永田理恵（SOUVENIR DESIGN INC.）
イラスト　加納徳博
編集　関根康浩

UIデザイン必携

ユーザーインターフェースの設計と改善を成功させるために

2022年4月13日　初版第1刷発行
2023年5月10日　初版第3刷発行

著　者　原田秀司
発行人　佐々木幹夫
発行所　株式会社翔泳社（https://www.shoeisha.co.jp）
印刷・製本　株式会社広済堂ネクスト

＊本書へのお問い合わせについては、2ページに記載の内容をお読みください。
＊落丁・乱丁はお取り替えいたします。03-5362-3705までご連絡ください。
ISBN978-4-7981-6962-0　Printed in Japan